COTTON FRIEND × LIBERTY

PRIDE AND BLOOM · 印花布手作包

PRIDE AND BLOOM

此圖案設計可見大笨鐘＆倫敦塔橋等倫敦知名地標，
還有炸魚薯條招牌、倫敦計程車、雙層巴士等元素。
以具有英國布料品牌獨特靈活性的圖案，一發售便大受歡迎。

No.01 ITEM｜單提把迷你波奇包
作法｜P.07

以零碼布就能製作手掌大小的迷你波奇包。
提繩裝有問號鉤，因此也能掛在大包包的提
把上。

表布＝Tana Lawn by LIBERTY FABRICS（PRIDE AND
BLOOM 363J6801-J23A）／CF marché）

No.02 ITEM｜迷你托特包
作法｜P.08

可以一覽倫敦風景圖案的迷你托特包，也是
零碼布就OK。收納化妝品或疏縫固定夾等零
散小物剛剛好！

表布＝Tana Lawn by LIBERTY FABRICS（PRIDE AND
BLOOM 363J6801-J23A）／CF marché）

LIBERTY印花布的

世界巡禮

LIBERTY布料有許多以世界各地為主題的印花喔！
無法輕易前往海外旅遊的現今，何不藉由印花來趟世界之旅呢？

攝影＝回里純子　造型＝西森萌　妝髮＝タニジュンコ　模特兒＝桜庭結衣

Travel to Finland

No.03
ITEM｜橢圓底束口包
作法｜P.70

透過縮口束繩進行開闔的束口式設計。曲線平緩的橢圓底，具有容易車縫的優點。帶上這個可愛的布包，為簡單穿搭帶來亮點吧！

表布＝Tana Lawn by LIBERTY FABRICS（KIELO 363J6815-C）／株式會社LIBERTY JAPAN

印花布：KIELO

以芬蘭國花「鈴蘭」為主，加上讓人聯想到雪花結晶的小圓點，呈現相當優美的設計。靈感取自芬蘭代表性的陶器彩繪，表現出以筆墨滑順描繪輪廓的愉快植物圖案。

No.03至05 創作者

yasumin·山本靖美

@yasuminsmini

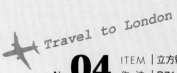

Travel to London

No.04
ITEM｜立方體波奇包
作法｜P.71

如方形吐司般，可愛的胖胖方塊波奇包。
從拉鍊側身到側面、底部一體成形的配
布，是突顯正面印花圖案的重點配置。

表布＝Tana Lawn by LIBERTY FABRICS（PRIDE
AND BLOOM 363J6801-B）／ 株式會社LIBERTY
JAPAN

印花布：PRIDE AND BLOOM

※印花圖案介紹參見P.03。

Travel to Spain

No.05
ITEM｜手機袋
作法｜P.74

正面附有拉鍊外口袋，因此不只是手機，
還能收放零錢及卡片等雜物。肩帶長度可
藉由繩結調整，也讓使用更方便！

表布＝Tana Lawn by LIBERTY FABRICS（SPANISH
TILES DC30643-J20C）／ 株式會社LIBERTY
JAPAN

印花布：SPANISH TILES

圖案主題是從巴塞隆納街道上可
見的美麗馬賽克磁磚得到啟發。
在破裂的馬賽克磚中，畫有橄欖
枝、電風扇以及西班牙國旗，並
設計成無使用方向性的印花圖
案。

Travel to Denmark

No.06

ITEM｜迷你口袋隨行包
作 法｜P.72

掀蓋外口袋是以磁釦開闔袋口，內容物不怕掉出來，讓人格外安心。細寬皮繩肩帶則為整體注入了成熟的印象。

表布＝Tana Lawn by LIBERTY FABRICS（COPENHAGEN STREET DC30632-J20B）／株式會社LIBERTY JAPAN

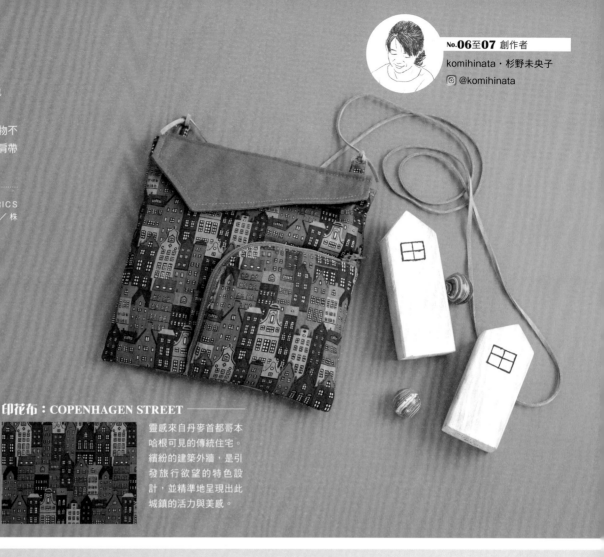

No.06至07 創作者

komihinata・杉野未央子

@komihinata

印花布：COPENHAGEN STREET

靈感來自丹麥首都哥本哈根可見的傳統住宅。繽紛的建築外牆，是引發旅行欲望的特色設計，並精準地呈現出此城鎮的活力與美感。

Travel to London

No.07

ITEM｜水桶包
作 法｜P.75

容易以深色為主的冬季穿搭，推薦帶上這個可作為亮點的水桶包！雖然在本體使用了LIBERTY薄布，但由於加入11號帆布作為配布，因此裝入物品也不用擔心袋體變形。

表布＝Tana Lawn by LIBERTY FABRICS（PRIDE AND BLOOM 363J6801-A）／株式會社LIBERTY JAPAN

印花布：PRIDE AND BLOOM

※印花圖案介紹參見P.03。

完成尺寸	材料
寬13×長10.5×側身6cm	表布（Tana Lawn）17cm×25cm
	裡布（棉布）30cm×30cm
原寸紙型	接著襯（薄）35cm×25cm／壓釦 13mm 1組
無	D型環 12mm 1組／問號鉤 12mm 1組

4. 接縫提繩‧吊耳‧釦絆

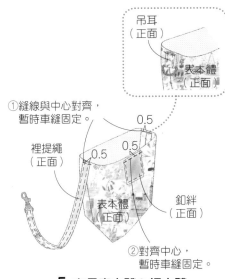

吊耳（正面）
表本體（正面）

①縫線與中心對齊，暫時車縫固定。
0.5
0.5
0.5
裡提繩（正面）
表本體（正面）
釦絆（正面）
②對齊中心，暫時車縫固定。

5. 套疊表本體＆裡本體

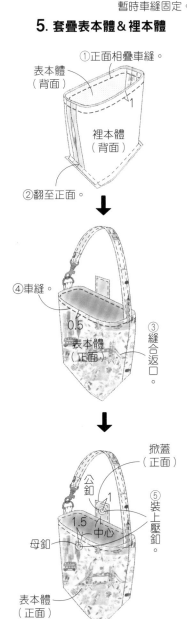

①正面相疊車縫。
表本體（背面）
1
裡本體（背面）
②翻至正面。

④車縫。
0.5
表本體（正面）
③縫合返口。
縫合返口。

掀蓋（正面）
公釦
1
裝上壓釦。
1.5
中心
母釦
⑤裝上壓釦。
表本體（正面）

問號鉤
表提繩（正面）
1
1.5
0.2
⑤依1cm→1.5cm寬度三摺邊，穿過問號鉤後車縫。

④對摺，穿入D型環。
D型環
吊耳（正面）

2. 製作釦絆

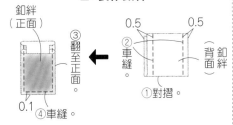

釦絆（正面）
③翻至正面。
0.5
0.5
②車縫。
（背面）釦絆
①對摺。
0.1
④車縫。

3. 製作本體

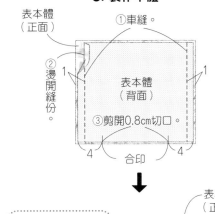

表本體（正面）
①車縫。
②燙開縫份。
1
1
表本體（背面）
③剪開0.8cm切口。
4
合印
4

④對齊表本體合印＆表底完成線的角落。
⑤展開切口。
表本體（背面）
表底（正面）
1
表本體（正面）
表本體（背面）
表底（背面）
⑥車縫。
1

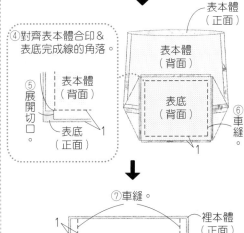

⑦車縫。
裡本體（正面）
1
1
返口6cm
裡本體（背面）
⑧剪開0.8cm切口。
4
合印
4
※裡本體也以④至⑥相同方式車縫。

裁布圖

※標示尺寸已含縫份。
※▢處需於背面燙貼接著襯。

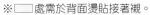

15
2
12.5
表本體
表布（正面）
25 cm
表提繩‧吊耳
12.5
表本體
25
17cm

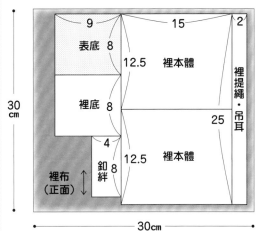

9
15
2
表底 8
12.5
裡本體
裡底 8
裡提繩‧吊耳
25
4
12.5
裡本體
裡布（正面）
釦絆 8
30 cm
30cm

1. 製作提繩＆吊耳

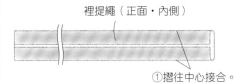

裡提繩（正面‧內側）
①摺往中心接合。
※表提繩也以相同方式摺疊。

表提繩（正面‧外側）
裡提繩（正面‧內側）
0.2
1
0.2
②正面相疊車縫。

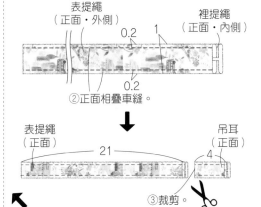

表提繩（正面）
21
吊耳（正面）
4
③裁剪。

完成尺寸	材料
寬12×高8×側身5cm	表布（Tana Lawn）17cm×25cm
原寸紙型	裡布（棉）30cm×15cm
無	配布（棉）30cm×15cm
	接著襯（薄）15cm×25cm／圓繩 粗0.3cm 70cm
	繩釦 直徑1cm 2個／人字織帶 寬1.5cm 25cm

4. 套疊表本體＆裡本體

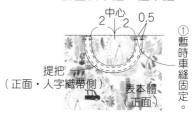

①暫時車縫固定。

中心 2 2 0.5
提把（正面・人字織帶側）
表本體（正面）

※另一側也以相同方式車縫。

②暫時車縫固定。

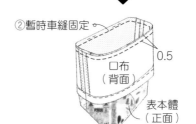

0.5
口布（背面）
表本體（正面）

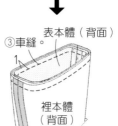

③車縫。
表本體（背面）
1
裡本體（背面）

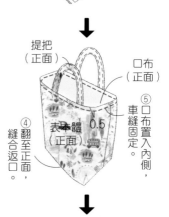

提把（正面）
口布（正面）
④翻至正面，縫合返口。
⑤口布置入內側，車縫固定。
表本體（正面）0.5

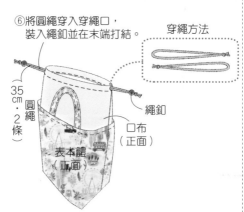

⑥將圓繩穿入穿繩口，裝入繩釦並在末端打結。

穿繩方法

35cm・圓繩2條
繩釦
口布（正面）
表本體（正面）

2. 製作口布

※另一片也以相同方式車縫。

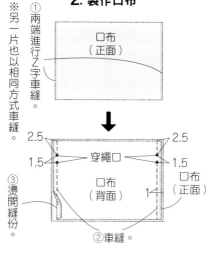

①兩端進行Z字車縫。
口布（正面）

2.5　穿繩口　2.5
1.5　　　　　1.5
③燙開縫份。
口布（背面）
口布（正面）
1
②車縫。

④依1cm→1.5cm寬度三摺邊車縫。

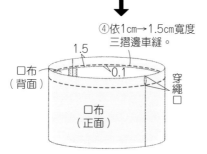

1.5
口布（背面）0.1
穿繩口
口布（正面）

3. 製作本體

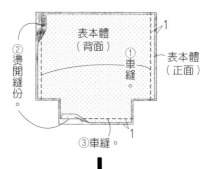

②燙開縫份。
表本體（背面）
①車縫。
表本體（正面）1
③車縫。1

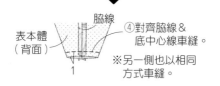

脇線
④對齊脇線＆底中心線車縫。
表本體（背面）
1
※另一側也以相同方式車縫。

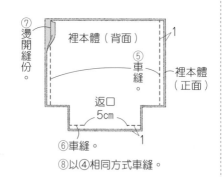

⑦燙開縫份。
裡本體（背面）
1
⑤車縫。
裡本體（正面）
返口
5cm
⑥車縫。1
⑧以④相同方式車縫。

裁布圖

※標示尺寸已含縫份。
※▨處需於背面燙貼接著襯。

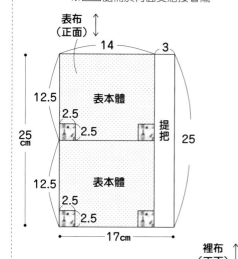

表布（正面）
14　　　3
12.5
2.5
2.5
表本體
提把
25
12.5
2.5
2.5
表本體
25
17cm

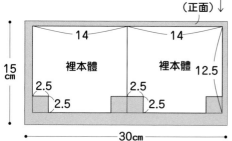

裡布（正面）
14　　14
15
裡本體　裡本體
2.5　2.5
2.5　2.5
12.5
30cm

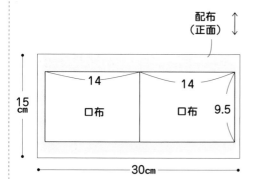

配布（正面）
14　　14
15
口布　　口布　9.5
30cm

1. 製作提把

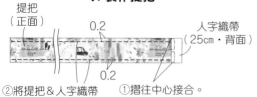

提把（正面）
0.2
人字織帶（25cm・背面）
0.2
②將提把＆人字織帶正面相疊車縫。
①摺往中心接合。

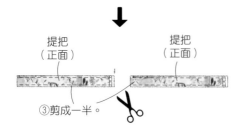

提把（正面）　提把（正面）
③剪成一半。

Winter Edition
2022-2023 vol.59

CONTENTS

封面攝影 回里純子
藝術指導 みうらしゅう子

開始吧！讓人興奮不已的手作

03 COTTON FRIEND × LIBERTY
PRIDE AND BLOOM・印花布手作包

04 手作・旅行去！
LIBERTY 印花布的世界巡禮

09 CONTENTS

10 作品 INDEX・含縫份紙型下載

12 從冬季到春季
裝飾季節感布置，享受手作！

20 柔和・溫暖 手作冬季小物

23 開始玩手藝！

24 裁剪・抓褶・黏貼 第一次手作和風布花

27 手縫製作 皮革小物的第一堂課

30 刺繡線 MOCO × 裝飾線 LAME
以織補繡創作～動態搖擺的平衡吊飾

32 Clover 迷你織布機 暖呼呼冬小物

34 連載 享受四季 刺子繡家事布

36 連載 Jeu de Fils 小小手帕刺繡
自製想珍惜愛藏之一物

39 新連載 Jeu de Fils
好朋友兔兔的大冒險

40 手作講座
升級愛用工具！
最新推薦縫紉用品

44 鎌倉 SWANY
羊毛質感的冬色布包

50 Usanko channel × YUZAWAYA
輕鬆迅速完成！
布面無框畫時鐘 & 布小物

54 連載 BAG with my favorite STORY
赤峰清香的布包物語

56 連載 Kurai Miyoha
Simple is Best！簡約就是最好！

60 連載 縫紉作家 加藤容子
方便好用的圍裙 & 小物

61 連載 手藝書的作者採訪專欄
第 1 回：布包作家 冨山朋子

62 懷舊 & 可愛！
ADERIA 復古布料的手作提案

64 繁體中文版獨家手作企劃
Good Foods 好食側背包

68 手作新提案・直接列印含縫份的紙型吧！

70 COTTON FRIEND 冬季號 製作方法

此符號標示的作品，代表「可自行下載＆列印含縫份紙型」。詳細說明請至P.68確認。

BAG

No.34
P. 44・皮革提把鋁框口金包
作法｜P.100

No.07
P. 06・水桶包
作法｜P.75

No.06
P. 06・迷你口袋隨行包
作法｜P.72

No.05
P. 05・手機袋
作法｜P.74

No.03
P. 04・橢圓底束口包
作法｜P.70

No.02
P. 03・迷你托特包
作法｜P.08

No.43
P. 55・迷你馬爾歇托特包
作法｜P.106

No.42
P. 55・皮革提把馬爾歇托特包
作法｜P.106

No.38
P. 47・彈片口金手拿包
作法｜P.104

No.37
P. 46・寬側身大容量手挽包
作法｜P.103

No.36
P. 45・橢圓底褶襉包
作法｜P.102

No.35
P. 45・掀蓋飾片方包
作法｜P.101

No.04
P. 05・立方體波奇包
作法｜P.71

POUCH&CASE

No.01
P. 03・單提把迷你波奇包
作法｜P.07

No.48
P. 62・防水提袋
作法｜P.113

No.47
P. 61・束口包
作法｜P.112

No.40
P. 50・收納布盒
作法｜P.105

No.32
P. 39・兔子迷你束口袋
作法｜P.98

No.28
P. 27・皮革剪刀套
作法｜P.28

No.12
P. 14・禮物盒造型波奇包
作法｜P.80

No.49
P. 62・防水波奇包
作法｜P.113

No.44
P. 56・三摺短夾
作法｜P.108

No.41
P. 51・盒裝衛生紙套
作法｜P.111

No.13
P. 14・皮革樹木擺飾
作法｜P.81

No.11
P. 13・附口袋茶壺保溫罩
作法｜P.79

No.10
P. 13・隔熱手套
作法｜P.78

No.09
P. 12・鐘型蠟燭燈燈罩
作法｜P.77

ZAKKA&WEAR

No.08
P. 12・樹型蠟燭燈燈罩
作法｜P.76

10

No.18
P.18・平安符
（小鳥）
作法｜P.86

No.17
P.18・平安符
（梅花・蜻蜓）
作法｜P.86

No.16
P.17・福氣掛飾
作法｜P.84

No.15
P.16・十二生肖沙包
（兔子）
作法｜P.90

No.14
P.15・目出鯛壁飾
作法｜P.82

No.24
P.21・鬱金香胸針
作法｜P.93

No.23
P.21・花朵胸針
作法｜P.93

No.22
P.21・漁夫帽
作法｜P.92

No.21
P.20・室內鞋
（兒童款）
作法｜P.91

No.20
P.20・室內鞋
（大人款）
作法｜P.91

No.19
P.19・兔子雛人形
（天皇・皇后）
作法｜P.88

No.31
P.36・金合歡手帕
作法｜P.37

No.30
P.34・刺子繡家事布～滑冰
作法｜P.34

No.29
P.30・織補繡兔子掛飾
作法｜P.94

No.27
P.24・和風布花・梅花胸針
作法｜P.25

No.26
P.22・露指手套
作法｜P.97

No.25
P.22・迷你圍脖
作法｜P.73

No.46
P.60・室內鞋
（大人款）
作法｜P.91

No.45
P.60・胸前交叉圍裙
作法｜P.109

No.39
P.50・布面無框畫時鐘
作法｜P.83

No.33
P.39・兔子玩偶
作法｜P.107

直接列印含縫份紙型吧！

本期刊登的部分作品，
可以免費自行列印含縫份的紙型。

☑ 不需攤開大張紙型複寫。

☑ 因為已含縫份，列印後只需沿線剪下，紙型就完成了！

☑ 提供免費使用。

進入
"COTTON FRIEND PATTERN SHOP"

https://cfpshop.stores.jp/

※QR code與網址也會標示於該作品的作法頁中。

P.68 刊有詳細的下載方法。

從冬季到春季

裝飾季節感布置，
享受手作！

No.**08** ITEM｜樹型蠟燭燈燈罩
作 法｜P.76

No.**09** ITEM｜鐘型蠟燭燈燈罩
作 法｜P.77

在樹或鐘的內側藏入LED蠟燭，溫暖照亮聖誕季節
的屋內。縫合版片＆翻至正面的步驟，在くぼでら
小姐的影片解說中相當清楚易懂，製作前請務必觀
看喔！

※使用時，請勿放入真的點火蠟燭或白熾燈泡。

製作＝くぼでらようこ 📷 @dekoboukoubou

聖誕節、春節、考試期、女兒節……
在季節活動超滿檔的時刻，
以期待的心情，製作裝飾房間的季節小物們吧！

攝影＝回里純子 造型＝西森 萌 妝髮＝タニ ジュンコ 模特兒＝桜庭結衣

作法影片
看這裡！

https://onl.bz/Zdzsxfp

No.**08**

No.**09**

No.**08**

No.10

ITEM｜隔熱手套
作 法｜P.78

在廚房烹製熱呼呼料理的機會大增的聖誕季前後，要不要製作一雙新手套呢？除了特意縫入兩層鋪棉作出蓬軟感，也因為希望適合所有人的手，所以設計成形狀簡易的較大尺寸，這麼一來使用就會很方便。

製作＝くぼでらようこ
@dekobokoubou

No.11

ITEM｜附口袋茶壺保溫罩
作 法｜P.79

一旦寒冷的季節到來，只要在餐桌上擺放蓋有茶壺罩的茶壺，心情就會變得暖洋洋。再剪下聖誕卡片圖案的一小塊布片，製作口袋＆裝飾上亮點吧！

製作＝くぼでらようこ
@dekobokoubou

在脇邊縫線處預留開口，製作成可露出壺嘴的樣式。

No. 12

ITEM ｜禮物盒造型波奇包
作法 ｜P.80

使用了30cm拉鍊的方塊狀拉鍊
波奇包。呼應此季節特別令人期
待的禮物盒，設計出只需擺放就
能夠帶來聖誕氛圍的選品。

製作＝くぼでらようこ

@dekobokoubou

單邊約9cm的小尺寸波奇包。
適合收納零散的物品。

No. 13

ITEM ｜皮革樹木擺飾
作法 ｜P.81

將2片裁切成樹木形狀的皮革版片，組合製作成樹
形裝飾。只需裁剪已黏貼好的皮革＆打磨切面，兩
個步驟就能完成，皮革工藝初學者也能輕鬆製作。
全長約8.3cm，是裝飾在窗邊或架子上都剛剛好的
尺寸。

製作＝Atelier Ne/traport

@handmade_and_life

特製手作：
迎接2023

No.14

ITEM｜目出鯛壁飾
作 法｜P.82

將全長48cm，巨大的開運鯛魚製作成壁
掛裝飾，來慶祝新年到來吧！充滿慶賀
氛圍的壁飾，也相當適合晉升或店鋪開
張等各種慶祝場合。

製作＝細尾典子
🄿 @norico.107

兔　龍　豬　虎　馬　蛇　鼠　雞　狗　羊　牛　猴

下載含縫份紙型

(CFPS)

https://cfpshop.stores.jp

兔子以外的生肖樣式
可免費下載作法＆紙型。

No.15

ITEM｜十二生肖沙包（兔子）
作 法｜P.90（僅有兔子）

將巴掌大的小小金字塔形沙包分別製作成十二生
肖的樣式。製作明年的生肖「兔」，或製作你自
己及家人、朋友的生肖都不錯。那麼，要從哪一
個開始呢？

製作＝福田とし子　｜　@beadsx2

木芥子

犬張子

達摩

招福貓

紅牛

No. **16** ITEM│福氣掛飾
作法│P.84

以可愛的蛋形匯集吉祥物＆製成吊飾。從左起，分
別是木芥子、犬張子、達摩、招福貓、紅牛，似乎
裝飾起來就能夠招來福氣喔！

製作＝福田とし子

◎ @beadsx2

No. 17 ITEM｜平安符（梅花・蜻蜓）
作 法｜P.86

No. 18 ITEM｜平安符（小鳥）
作 法｜P.86

將一針一線包含心意製作而成的小巾刺繡平安符送給考生、正面臨比賽或人生重要關卡的人吧！圖案是梅花（開花，展現成果之意）、蜻蜓（只能往前飛的勝利昆蟲）、小鳥（即將振翅高飛的棕耳鵯）等，各自都有其意涵。

製作＝みずのよしえ｜◎ @hitoharico_kogin

No. 17
蜻蜓

No. 17
梅花

No. 18

No. **19** ITEM｜兔子雛人形（天皇・皇后）
作法｜P.88

無論是客廳、窗邊，或架子上，裝飾在任何地方都不突兀
的小巧雛人形。特選LIBERTY布料縫製的服裝，也是日式
西式空間都適合的風格。

製作＝本橋よしえ ｜ @yoshiemontan

天皇　　　　　　　　　皇后

以冬天時人氣沸騰的壓棉布（直向壓車縫線的
鋪棉布）製作的室內鞋。內裡選用薄絨布，無
論穿著感或膚觸都極其柔軟。

No.20・表布＝壓棉布（WILDFLOWER - flower bed）／
株式会社decollections
製作＝加藤容子 ｜ @yokokatope

柔和・溫暖
手作冬季小物

冬天正式到來！防寒計畫準備周全了嗎？
就讓我們透過手作單品，無論是製作時或使用時都暖暖地度過吧！

攝影＝回里純子　造型＝西森 萌　妝髮＝タニ ジュンコ　模特兒＝桜庭結衣

No.**20**

No.**21**

No.22

ITEM｜漁夫帽
作法｜P.92

將春夏季廣受各年齡層歡迎的漁夫
帽，改以燈芯絨製作，來配合寒冷
的季節。此帽型不但具有小臉的效
果，還能成為穿搭重點，是非常推
薦的單品！

製作＝mameco・キムラマミ
@mameco_mami

No.23

ITEM｜花朵胸針
作法｜P.93

No.24

ITEM｜鬱金香胸針
作法｜P.93

可以為單調裝扮加上重點的繽紛花
朵胸針。花朵部分使用不織布，莖
與葉則夾入鋪棉，製作成帶有溫度
質感的設計。

製作＝mameco・キムラマミ
@mameco_mami

下載含縫份紙型

No.23

No.24

No.**25** ITEM｜迷你圍脖
作 法｜P.73

No.**26** ITEM｜露指手套
作 法｜P.97

特製一組圍巾＆手套吧！表布使用羊
毛布，裡布則使用短毛絨布，呈現出
溫暖氛圍。露指的手套款式，方便開
車或滑手機，非常實用。

No.**25**

No.**26**

開始玩手藝

2023年開始了！今年要玩什麼手作呢？皮革工藝或和風布花、迷你織布機或織補繡等，每每在手藝店裡或網路社群上看到時，總在心中想著「哪天要來作作看」的手藝，這次就跟著手作誌一起動手挑戰吧！

織補繡
P.30～

刺子繡
P.34～

皮革工藝
P.27～

刺繡
P.36～

和風布花
P.24～

迷你織布機
P.32～

裁剪・抓褶・黏貼

第一次手作和風布花

將剪成小方片的縮緬布料抓褶（摺疊）＆黏貼，製作成花朵造型。
雖然作品乍看之下似乎很難，但其實作法非常簡單。
請以喜歡的色彩搭配並製作吧！

攝影＝回里純子　造型＝西森 萌　模特兒＝庭結衣

No.27 ITEM｜和風布花・梅花胸針
作法｜P.25

以和風布花基本技巧「圓形摺」製作花瓣＆
組合成梅花，並在側旁加上以「劍形摺」製
作的葉片。將春天造訪帶來的喜悅，蘊藏在
和風布花胸針中。

製作＝Atelier Hatsuhannah・榎本初江
@hatsuhannah

P.24 No.27 和風布花・梅花胸針作法

原寸紙型 B面（影印<摺花型版>使用）　完成尺寸 約7cm×約6cm

1. 製作底座

避免形成皺褶，慢慢地沿厚紙黏貼。

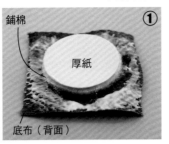

在底布（4.5cm×4.5cm）上疊放鋪棉、厚紙（直徑3.4cm），並在周圍塗白膠。

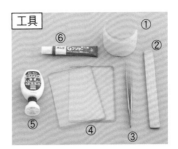

工具

①漿糊 ②木棒 ③鑷子 ④硬盒（B7）2個 ⑤白膠 ⑥接著劑、剪刀、影印下來的<摺花型板>

材料

縮緬布（縐縈）
　紅色系（大梅花）4cm×4cm 7片
　粉紅色系（小梅花）3cm×3cm 7片
　綠色系（底布）4.5cm×4.5cm 1片
　　　　（葉片）3cm×3cm 2片
厚紙 10cm×5cm
鋪棉 5cm×5cm
仿真花蕊 3枝（5蕊頭）
珍珠 直徑8mm 1個
編繩 粗5mm・3mm 各10cm
胸針底托（附別針＆夾子的兩用型）
　直徑3cm 1個

3. 製作梅花（圓形摺）

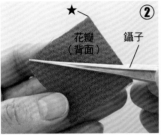

準備5片大梅花花瓣（4cm×4cm
※小梅花花瓣3cm×3cm）。將鑷子夾在對角線稍微偏上處。

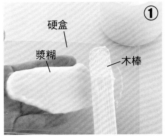

在硬盒上使用木棒抹開漿糊。漿糊厚度約2mm。

2. 製作梅花底座

在梅花底座的內側以白膠黏貼上另一片梅花底布，並修剪周圍。

在大梅花底布（4cm×4cm）上重疊厚紙（直徑3cm）。※小梅花底布（3cm×3cm）則重疊厚紙（直徑2.3cm），並依1-①至②（不放入鋪棉）以底座相同方式製作。

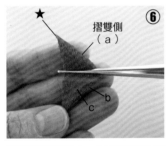

花瓣摺雙側朝上，以鑷子夾住對角線略偏上的位置。

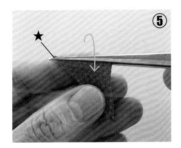

翻轉鑷子，對摺花瓣。

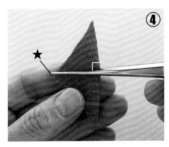

依圖示方向手持花瓣，並以鑷子夾住對角線稍微偏上的位置。

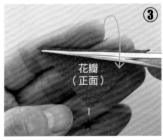

將鑷子往自己的方向翻轉，對摺。

以相同方式製作5瓣。放置約10分鐘，讓漿糊凝固。

將裁邊側放在①塗好的漿糊上，並向前滑約0.1cm。

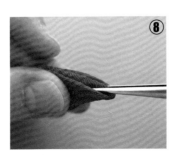

拔出鑷子。

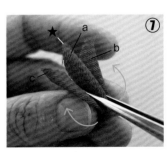

將拇指＆食指由下往上收摺花瓣，b・c分別在左右兩側往上摺起。這時，a・b・c高度一致。

4. 葺花

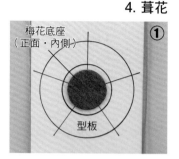

① 影印原寸紙型B面的<摺花型板>，放入另一個硬盒中。使梅花底座內側朝上，以紙膠帶黏貼在中心處。

梅花底座（正面・內側）／型板

② 梅花底座整面塗抹白膠，手持型板，依分割線排列花瓣，此步驟稱為葺花。

梅花底座（正面）／分割線／白膠／花瓣

③ 轉動型板，以相同方式在分割線上排列第2片花瓣。

梅花底座（正面）／花瓣

④ 排列上5片花瓣的模樣。

花瓣

5. 製作花芯

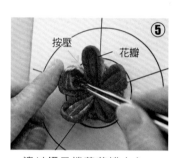

⑤ 一邊以鑷子撐著花瓣中心，一邊以手指推壓花瓣外側，作出弧度。

按壓／花瓣

④ 檢視整體，展開裁邊處使花瓣之間沒有空隙，並調整平衡。小梅花也以相同方式製作。

花瓣／裁邊

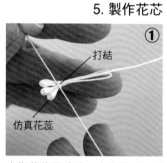

① 大梅花使用珍珠，小梅花則使用仿真花蕊來製作花芯。仿真花蕊是將5蕊頭合併在一起，在根部以線打結後，線結處塗白膠固定。

打結／仿真花蕊

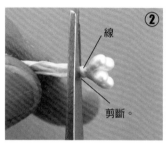

② 在線的邊緣剪斷多餘的仿真花蕊鐵絲。

線／剪斷

6.製作葉片（劍形摺）

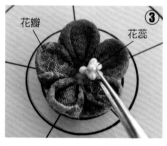

③ 以白膠貼在小梅花中心。大梅花中心則貼上珍珠。

花瓣／花蕊

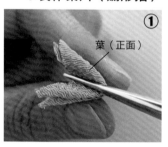

① 取葉片用布（3cm×3cm）以圓形摺②至⑥相同作法摺疊後，以鑷子夾住對角線，再次對摺。

葉（正面）

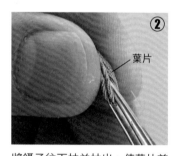

② 將鑷子往下拉並抽出，使葉片前端變尖。

葉片

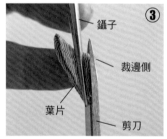

③ 改變鑷子方向使尖端朝下，將裁邊修剪整齊。

鑷子／裁邊側／葉片／剪刀

7. 組裝

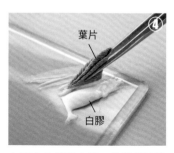

④ 在硬盒上擠出白膠，裁邊側以摩擦的方式沾附白膠。

葉片／白膠

⑤ 待白膠半乾時，凹摺葉片前端。另一片也以相同方式製作。

葉片

① 將底座以接著劑黏貼在胸針底托上，並黏上2條編繩（粗繩9cm・細繩7.5cm）。

編繩／底座（正面）／胸針底托

② 在底座上黏貼大小梅花及2片葉片，完成！

葉片／小梅花／大梅花

手縫製作

皮革小物的第一堂課

能夠學到裁切皮革、磨邊、開縫線孔、以2根針縫製……等，皮革工藝基礎技巧的剪刀套。此作品可收納約15cm長的小剪刀。流蘇或雞眼釦則可依個人喜好安裝。

攝影＝回里純子 造型＝西森萌

Atelier Ne/traport 山科 通子

在埼玉縣・川越市經營工作室＆教室Ne/traport。
傳達皮革工藝樂趣與技巧的You Tube頻道也很受歡迎。
@handmade_and_life

HP
http://ateliercompany.net/

道具店
Atelier Ne/traport工具店
https://netraport1.thebase.in/

Ne/traport channel
https://onl.bz/LF9c7Us

皮革工藝工具・材料

原寸紙型 B面　完成尺寸 寬4.2×長10.5cm

工具2

①床面處理劑（讓皮革產生光澤的修飾劑）
②白膠
③起糙銼刀
④砂紙
⑤擦拭布（布頭等）
⑥削邊器
⑦上膠片
⑧夾子

材料

皮（栃木皮革）
厚2mm 15cm×15cm

植物單寧酸浸漬鞣皮，可漂亮地磨邊（參見P.28）。第一次進行皮藝手作的初學者，建議使用無皺紋的皮革較容易製作。

工具3

①線
②皮革針
③木槌
④線臘
⑤劃線器
⑥菱斬（2齒・4齒）
⑦線剪

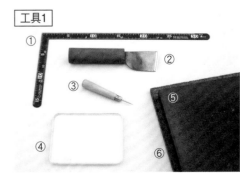

工具1

①尺規
②裁皮刀
③錐子
④玻璃板
⑤橡膠板
⑥毛氈墊（墊在膠板下方）

2. 裁切皮革

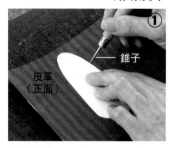

① 將紙型放在皮革正面，以錐子沿紙型描線。

③ 放上橡膠板等重物，暫時靜置。

② 在床面處理劑乾燥前，以玻璃板將皮革纖維往傾倒方向打磨。

1. 處理床面

① 皮革背面側（床面）起毛時，為了撫平毛邊，需要進行「床面處理」。以上膠片將床面處理劑薄薄地塗抹開來。

③ 以擦拭布打磨塗有床面處理劑的部分。

② 以手指沾床面處理劑，塗抹削邊處。由於會留下斑痕，請不要塗抹到正面。

3. 開口磨邊
※磨邊：打磨皮革的裁切邊。

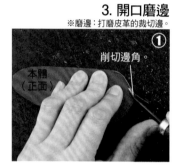

① 削切開口部分的皮革邊角。

② 依記號線，以裁皮刀裁切皮革。曲線處請一邊慢慢地移動裁皮刀，一邊裁切。

③ 以步驟3相同作法磨邊。

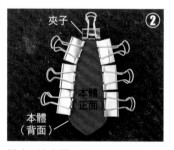

② 貼合2片本體，並以夾子固定，等待乾燥。

4. 貼合皮革

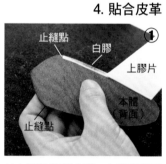

① 以上膠片沾附白膠，在背面側兩處止縫點之間的縫合位置，塗抹寬約0.3cm的白膠。

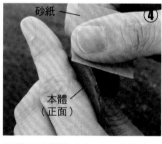

④ 接著以砂紙進行打磨。重複步驟②至③，直至呈現出光澤。另一片也以相同方式在開口部分磨邊。

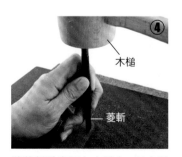

④ 將菱斬垂直壓在本體上，以木槌敲打、鑿出孔洞。

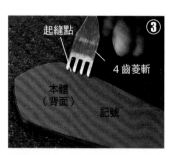

③ 從起縫點起，將4齒菱斬壓在縫合位置的記號線上。

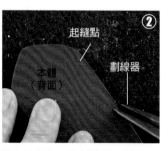

② 從起縫點起，將劃線器一邊的針貼在本體邊緣，再以另一邊的針劃線，作出縫合位置的記號。

5. 作記號

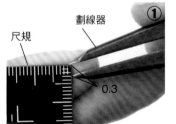

① 將劃線器一頭置於尺的邊緣，另一頭對齊0.3cm的位置。

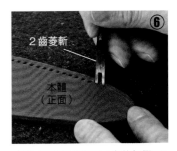

⑧ 若無法剛好在止縫點上鑿孔，就從止縫點起，以2齒菱斬的刀刃作記號，往回按壓直到對上①所作的記號，來調整縫線孔。

⑦ 接近止縫點時，需調整針孔數在止縫點作結束。先輕壓上菱斬，以確認鑿孔位置。

⑥ 但曲線部分若仍以4齒菱斬戳洞，無法漂亮地鑿出菱形孔，因此請改以2齒菱斬採相同方式鑿孔。

⑤ 將菱斬邊端戳入④鑿出的孔洞末端，在縫合記號線上壓痕，再以相同手法鑿孔。重複此作法，直到曲線位置之前。

6. 縫合

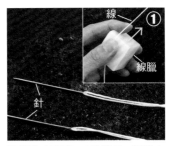

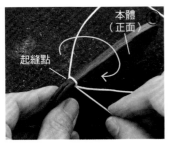
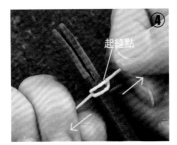

④ 調整2條線避免交疊，將縫線往左右拉緊。

③ 位於外側的針，則由內往外刺入起縫點。

② 將針穿入起縫點。調整位置，使起縫點位於縫線中央。將位在內側的縫針由外往內刺入起縫點。

① 準備縫合距離×6的線長，並抹上線臘。兩端分別穿入皮革針。

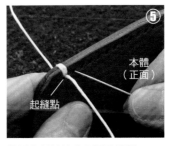
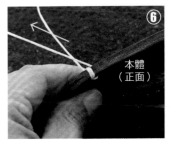
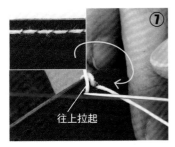
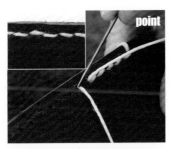

point 進行⑦時，若刺入時縫線在下，針目就會歪曲不平，因此一定要讓縫線位在上方。

⑦ 將步驟⑤的線往上拉起，把另一頭縫針從步驟⑤的反方向刺入相同針孔中，分別往左右拉緊。

⑥ 將⑤的線往左側拉。

⑤ 將近身側的線穿入隔壁針孔。

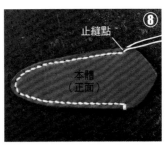

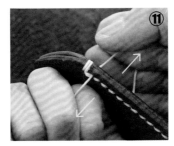

⑪ 左右拉緊後剪斷縫線，完成！

⑩ 再次穿縫止縫點鄰側。

⑨ 在止縫點以②至④相同作法縫合。

⑧ 重複步驟⑤至⑦，縫合至止縫點為止。

刺繍線MOCO×裝飾線LAME
以織補繡創作～
動態搖擺的平衡吊飾

在布料上渡線，進行如編織般製作圖案的「織補繡」。以色彩豐富的刺繡線MOCO及帶有美麗金蔥的裝飾線LAME，創作繽紛又可愛的旋轉掛飾吧！

No. 29

ITEM │ 織補繡兔子掛飾
作 法 │ P.94

繡上如馬賽克般色彩繽紛的織補圖案，吊掛在庭院前撿到的小樹枝上，製作成動態旋轉的平衡掛飾。以質感蓬鬆柔軟的MOCO為基底，並以LAME隨意地增添上光彩。在冬日變換至春天之際，佈置在日照舒適的窗邊再適合不過了！

═══ 作法影片看這裡！織補繡的技巧 ═══

https://onl.bz/aV6MB7G
織補繡的基礎

https://onl.bz/WqzifvQ
織補繡
＜圓形＞

https://onl.bz/NzSsmnc
織補繡
＜不規則形＞

ミムラトモミ

深受織補繡的美麗吸引，創造出獨家技法「馬賽克織補繡」。近期著作《お直しにも、かわいいワンポイントにも！ダーニング刺（暫譯：可修補，也能作為可愛小圖案！織補繡）》、《極太、並太毛糸を使って 大きなダーニング刺繍（暫譯：使用極太、並太毛線的大型織補繡）》誠文堂新光社。

攝影＝回里純子　造型＝西森 萌

30

織補繡兔子掛飾的使用線材

※藍色數字為MOCO，紅色數字為LAME的色號。

兔子

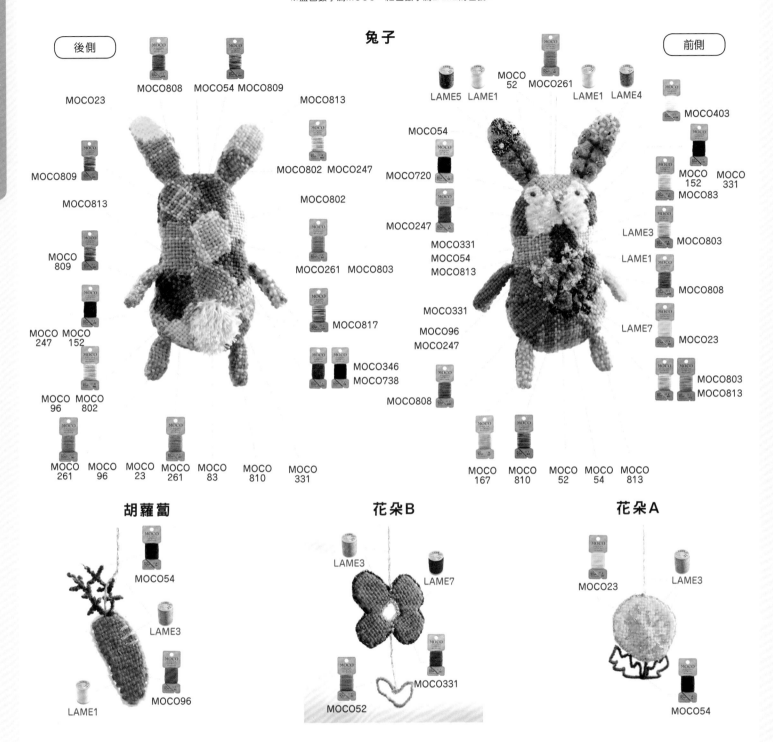

後側

MOCO23
MOCO808　MOCO54　MOCO809
MOCO813
MOCO809
MOCO813
MOCO802　MOCO247
MOCO809
MOCO802
MOCO247　MOCO152
MOCO261　MOCO803
MOCO96　MOCO802
MOCO817
MOCO261　MOCO96　MOCO23　MOCO261　MOCO83　MOCO810　MOCO331
MOCO346
MOCO738

前側
LAME5　LAME1　MOCO52　MOCO261　LAME1　LAME4
MOCO54
MOCO720
MOCO247
MOCO331
MOCO54
MOCO813
MOCO331
MOCO96
MOCO247
MOCO808
MOCO403
MOCO152　MOCO331
MOCO83
LAME3　MOCO803
LAME1
MOCO808
LAME7　MOCO23
MOCO803
MOCO813
MOCO167　MOCO810　MOCO52　MOCO54　MOCO813

胡蘿蔔

MOCO54
LAME3
MOCO96
LAME1

花朵B

LAME3
LAME7
MOCO331
MOCO52

花朵A

MOCO23
LAME3
MOCO54

株式會社Fujix

▶Fujixg手作資訊頁面
https://fjx.co.jp/sewingcom/

▶Fujixg網路商城「糸屋san」
http://fujixshop.shop26.makeshop.jp

 @fujix_info

ミムラ小姐選色！

迷你MOCO套組

ミムラとモミ精選組①

ミムラとモミ精選組②

專用盒內有單色＆漸層色搭配的迷你MOCO（各3m）12色套組，並含1支刺繡針（No.3）。
※為網路商城「糸屋san」限定販售品。

LAME

除了用於手縫之外，作為縫紉機的下線或拷克線等也OK。可為各種刺繡增添美麗的金蔥加工，屬於略粗的金蔥線。

材質：聚酯纖維100%
線長：80m（LM1）、100m（LM2至12）
色數：12色／使用針：法國刺繡針NO.3
※織補繡建議使用圓頭針。

MOCO

質感蓬鬆柔和＆粗細均勻的線材，推薦織補繡初學者選用。

材質：聚酯纖維100%／線長：10m
色數：60色（單色）、20色（漸層色）
使用針：法國刺繡針NO.3
※織補繡建議使用圓頭針。

Tapestry

將3色織物組合製作成掛毯。改變織法與線條粗細，再以流蘇增添風貌就很棒！

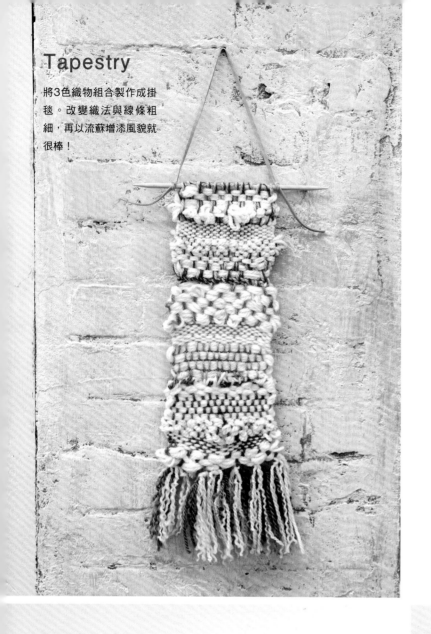

Clover迷你織布機

暖呼呼冬小物

要不要使用簡單卻能享受變化樂趣的「Clover迷你織布機」，開始玩手工編織呢？以自己喜歡的毛線組合搭配也沒問題！拿出留存的零碼線材與毛線，讓它們重生成令人驚喜的優秀織品吧！

攝影＝回里純子（P.32）・腰塚良彦（P.33）
造型＝西森萌

Zipper Pouch

將各種類型的毛線組合製作成拉鍊波奇包。裡布使用棉布，因此成品也足夠牢固耐用。特意加入的黃色毛線，是點亮可愛度的小巧思。

Pouch

與4股經線交織的是2股緯線，並以不同的粗細編織出變化。皮繩則帶出時尚與溫暖感。

Clover迷你織布機

① ③ ④ ⑤
⑥

①
②

①

準備物品

・Clover迷你織布機
①織布齒
②外框
③編織針
④抬線桿
⑤梭子

⑥編織梳
・經線
・緯線

建議使用耐用又滑順的線材。準備好毛線、棉線或裂布等喜歡的素材吧！

準備

在梭子上纏繞緯線。

Clover
迷你織布機
基礎織法

4

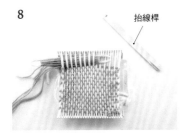

編織梳

將編織梳的前端沿經線插入，將緯線往自己的方向推。

3

梭子

倒下

5cm

形成山形

編織第一排。先讓抬線桿平躺，從梭子中拉出編織器寬度＋15cm以上長度的緯線，將梭子前端從右側挑起奇數列經線穿過。保留5cm左右的線頭，維持呈現山形的鬆度。

2

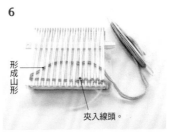

抬線桿

將抬線桿穿入偶數列的經線中。試著立起抬線桿，若抬線桿倒下，就是線條繃得太緊，要進行調整。

1

左側邊上方孔洞

右側邊下方孔洞

在外框上下裝好織布齒後，繃入經線。於右側邊下方的孔洞將線頭打結，依下側溝槽→上側溝槽的順序穿線，並在左側邊上方的孔洞將線打結。

8

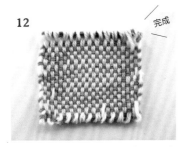

抬線桿

繼續編織。當梭子變得不易穿過時，取下抬線桿，以梭子挑經線編織。

7

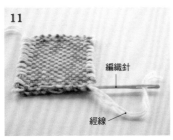

編織梳

以編織梳將橫線推下，重複步驟3至7。

6

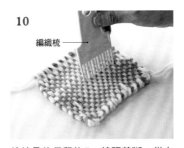

形成山形

夾入線頭。

將起編的線頭夾入3至4cm經線之間，末端從上方出線。緯線則保留形成山形的鬆度。

5

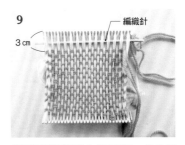

立起抬線桿。

編織第二排。立起抬線桿，將梭子由左往右穿過經線中。

12

完成

緯線線頭也依經線線頭相同方式處理，完成！可連接其他圖案，或改變線材，依喜好編織看看吧！

11

編織針

經線

處理經線線頭。線頭穿過編織針，從織物的背面重疊穿過隔壁列的經線約3至5cm。剪去多餘的線。

10

編織梳

緯線最後保留約5cm線頭剪斷。從上下織布齒移開，以編織梳調整織目。

9

編織針

3cm

編到距離編織器上側約剩3cm的位置時，拆下梭子上的緯線，穿入編織針，以梭子的相同方式穿過經線，編織到最後。

商品資訊

Clover株式會社
https://clover.co.jp

クロバーミニ織り

方形小小織布機
Clover迷你織布機

品號：57-968
編織尺寸：寬約13cm×長約13cm

Clover迷你織布機
也有詳細影片！

基礎

應用

刺子繡家事布

由刺子繡作家ちるぼる飯田敬子所負責的刺子繡連載第7回。

運用一塊布，表現出季節的更迭吧！

No.30

ITEM｜刺子繡家事布～滑冰
作 法｜P.34

使用「躦線繡（くぐり刺し）」的手法，呈現出如溜冰鞋滑過般的冰上足跡。本次是大尺寸作品，大小剛好適合當作便當包巾使用。

────────────────

線＝NONA細糸（灰色 水藍色 金盞花色）／ NONA家事布＝DARUMA方格線刺子繡布（1白色）／橫田株式會社

攝影＝腰塚良彥

profile

ちるぼる・飯田敬子

刺子繡作家。出生於靜岡縣，在青森縣居住時期接觸了刺子繡，從此投入學習傳統刺子繡技法。目前透過個人網站以及YouTube，推廣初學者也易懂的刺子繡針法＆應用方式。

@sashiko_chilbol

[No.30 滑冰的繡法]

※為了方便理解，在此更換繡線顏色，並以比實物小的尺寸進行解說。

	繡法	頂針器的配戴方法・持針方法	工具・材料

以左手將布料拉往外側，使用頂針器從後方推針，於正面出針。重複步驟1至2。

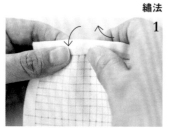

以左手將布料拉往近側，使用頂針器一邊推針，一邊以右手拇控制針尖穿入布料。

頂針器的圓盤朝下，套入中指根部。剪下張開雙臂長度（約80cm）的線段，取1股線穿針。以食指＆拇指捏針，頂針器圓盤置於針後方的方式持針。

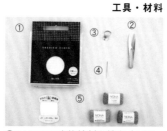

①DARUMA方格線刺子繡布（108cm×50cm）②線剪 ③頂針器 ④針（有溝長針）⑤線（NONA細線或木棉線）

	2. 橫向刺繡	1. 刺子繡布的準備

每繡一行就順平繡線（以左手指腹將線條往左側順平），以舒展線條不順處，使繡好的部分平坦。

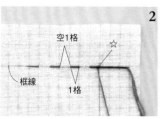

在框線上反覆地繡1格、空1格，刺繡至框線的左端。

打線結，從框線右上角（☆）出針。

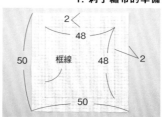

剪下50cm×50cm的「DARUMA方格線刺子繡布」。從距離上方與右側2cm的方格線上，描畫48cm×48cm的框線。

3. 斜向刺繡

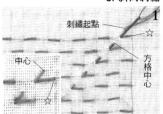

1 刺繡起點　中心　方格中心　☆

進行斜向刺繡。從橫排針目上方的格紋中心出針，橫向針目的左端入針。重複此動作，繡至框線左端。

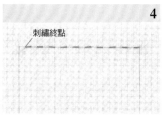

4 刺繡終點

打終縫結後剪斷繡線。

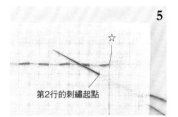

5 第2行的刺繡起點　☆

第2行則從圖示位置開始刺繡。以第1行相同作法，反覆地繡1格、空1格，繡至框線左端。

6 第2行刺繡終點

第2行刺繡完成。

4. 進行躦線繡

1 ☆　刺繡起點

在橫向&斜向交集點出針。

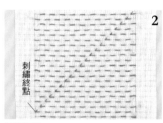

2 刺繡終點

繡好1列。

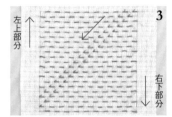

3 左上部分　右下部分

第2列之後也以相同方式刺繡。左上部分繡完，右下部分也以相同作法刺繡。

4

斜向刺繡完成。

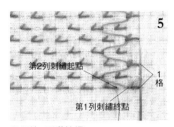

5 第2列刺繡起點　1格　第1列刺繡終點

進行第2列躦線繡。從第1列刺繡終點左鄰針目的右側出針，並於第1列刺繡終點隔壁針目的上方1格挑縫2mm（C）。

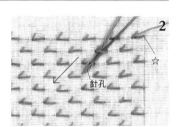

2 ☆　針孔

參見【躦線繡的繡法（P.35左下）】，以針孔側躦入第2行右側起第2個橫向針目（A）。

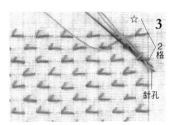

3 ☆　2格　針孔

以針孔側躦入刺繡起點下方2格的斜向與橫向針目（B）。

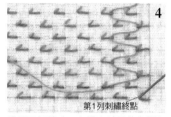

4 第1列刺繡終點

躦縫至框線時，在橫向針目的左側入針，從背面出針。

躦線繡

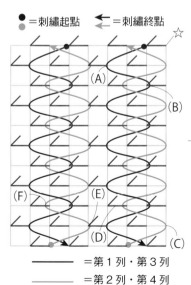

●=刺繡起點　←=刺繡終點
◐=刺繡起點　←=刺繡終點
☆
(A) (B) (E) (F) (D) (C)
——=第1列・第3列
——=第2列・第4列

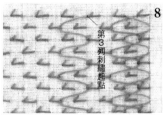

8 第3列刺繡起點

第3列以第1列的相同作法躦縫至框線。

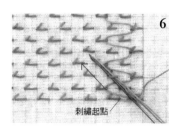

6 刺繡起點

僅躦縫刺繡起點上方2格的橫向針目（D）。

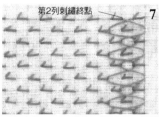

7 第2列刺繡終點

重複步驟5·6，躦縫至框線時，從橫向針目右側入針，往背面出針。

完成！

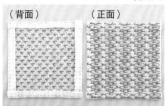

（背面）　（正面）

沾水消除記號線，完成！

5. 收邊處理

三摺邊

全部刺繡完成後，連同圖案邊端一起，將布邊三摺邊&進行挑縫。

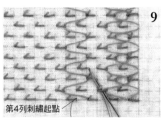

9 第4列刺繡起點

第4列的右側躦縫，是往刺繡起點上方1格、右邊3格的橫向&斜向針目（E）躦入。左側則以步驟6相同作法躦縫（F）。

Jeu de Fils

小小手帕刺繡

自製想珍惜愛藏之一物

刺繡家Jeu de Fils 高橋亜紀的連載。每季將會介紹一條繡了季節植物、英文字母,以及加上緣飾的手帕。
在此最終回,將引頸期盼春天的心情縫入一枝金合歡中。

攝影＝回里純子(P.36)・腰塚良彥(P.37・38) 造型＝西森 萌

No. 31 ITEM｜金合歡手帕
作 法｜P.37

宣告春天到來的金合歡花朵,是使用
一粒粒的法國結粒繡來表現。運用三
種黃色繡線作出深淺是重點。手帕邊
緣則是在抽3股織線處作抽紗繡,再
進行三摺邊。

手帕用布＝白底格紋義大利亞麻布〔刺繡
線〕 金合歡＝DMC 25號(#444・#445
#3819・#3346) 捲邊縫線＝DARUMA家庭
線 細口(灰色)

profile **Jeu de Fils・高橋亜紀** 🖥 http://www.jeudefils.com/

刺繡家。經營「Jeu de Fils」工作室。從小就對刺繡感興趣,居住在法國期間正式學習刺繡,於當地的刺繡圈出道。一邊與各地的手藝家進行交流,一邊開始蒐集古刺繡、布品與相關
資料等,返回日本後成立工作室。目前除了在工作室與文化中心舉辦講座,也於雜誌與web上發表作品。

刺繡的基礎筆記

用於捲邊縫

【十字繡針】

count stitch（數布目進行的刺繡）用針。直向針眼易於粗線穿入，圓針頭易於繡布料褶線。號數越大，針越細、越短。

【木棉手縫線 細口】

由於線條捻合緊密，針目能呈現出高度，製作出立體的效果。

【法國刺繡針7號】

針眼易於通過複數繡線的尖銳繡針。本次使用1至2股線專用的7號繡針。

工具・材料

【25號刺繡線】

由6股細線捻合成1股刺繡線，請抽出需要的數量使用。

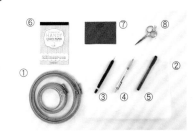

①繡框 ②描圖紙 ③鐵筆 ④自動筆 ⑤簽字筆 ⑥布用複寫紙 ⑦複寫紙 ⑧剪刀

刺繡方法

法國結粒繡

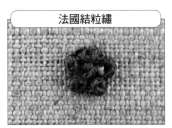

是以針製作小線結的刺繡，本次運用在表現金合歡的花朵。

1

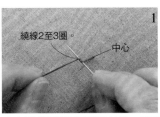

繞線2至3圈。 中心

由布料背面朝正面側出針後，線繞針2圈。

2

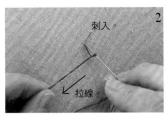

刺入。 拉線。

以左手拉住捲好的線，於步驟1出針位置的略上側處刺入針。

3

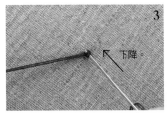

下降。

降下捲繞於針上的線。

4

按住固定。

以左手按住，避免繡線鬆弛，再從背面側拔針。

5

拉線，調整形狀。

刺繡後的位置修正方式

6

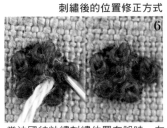

當法國結粒繡刺繡位置有誤時，在刺繡中心刺入針，再重新刺入想要移動的位置即可。

刺繡位置修正完畢。

飛鳥繡

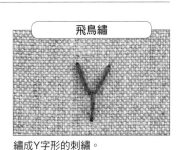

繡成Y字形的刺繡。
本次是以重疊刺繡，表現金合歡的葉片。

飛鳥繡的基本針法

1

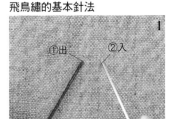

①出 ②入

出針後，在刺繡起點旁入針（①出、②入）。

2

③出

從①出與②入的中央略下方出針（③出）。

3

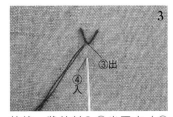

③出 ④入

拉線，將針刺入③出下方（④入）。

4

分開繡線。

在圖案藍線上，從葉片前端繡飛鳥繡。在繡第2個飛鳥繡時，將第1個飛鳥繡的直線分開也無妨。

5

繡好1片葉子的模樣。

完成

於線條上，取良好的平衡繡上飛鳥繡。

葉片繡法

葉片尖端 輪廓繡

葉片尖端的Y字開口距離要小一些。

P.36_ №**31** 金合歡手帕的作法

材料：表布（亞麻布）30cm×30cm　木棉手縫線細口（灰色）　25號刺繡線（綠色・黃綠色・黃色・奶油黃）　原寸刺繡圖案P.99

2. 抽織線		1. 本體的準備

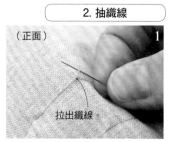

（正面）　1

拉出織線。

以針拉出A線的織線。

―――＝A線　　------＝B線

③以消失筆畫A・B線。

④裁剪。

（正面）表布
（正面）本體
正面
2　2
完成線　1.8

③以消失筆畫A・B線。

④裁剪。

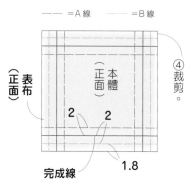

30
4
22
本體（正面）
22　30

（正面）表布
完成線

①以消失筆畫上完成線

②多抓一些白邊，進行裁剪。

畫得稍微長一點。

3. 摺疊角落

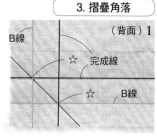

A線（背面）2
完成線
★
☆
B線
★
裁剪。
☆
☆

裁剪步驟1的斜線。A・B線交會點（★）也相互連接，畫出斜線。

（背面）1
B線
完成線
☆
☆　B線

將完成線與B線交會點（☆）相互連接，畫出斜線。

（背面）　3
抽織線。

在抽出的織線內側再抽2股，共抽3股織線。其他邊的A線也以相同方式抽3股織線。

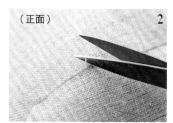

（正面）　2

從中間剪斷拉起的織線，抽出織線。

4. 進行捲邊縫

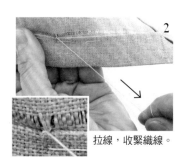

2
拉線，收緊織線。

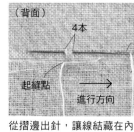

（背面）　1
4本
A線
起縫點
進行方向

從摺邊出針，讓線結藏在內側，再由右往左在起縫點右側挑縫4股織線。

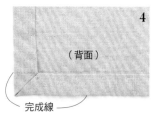

（背面）　4
（背面）
完成線

摺疊完成線，將角落摺疊成斜線。其他角落也以相同方式摺疊。

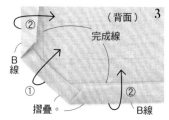

（背面）　3
②
完成線
B線
①
摺疊
②
B線

先依★連接的線條摺疊（①），再摺疊B線（②）。

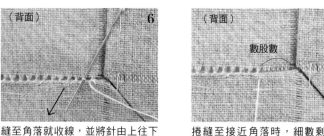

（背面）　6

縫至角落就收線，並將針由上往下穿過左鄰捲縫線。

（背面）　5
數股數

捲縫至接近角落時，細數剩餘織線，取3至4股作調整，使終點落在角落地進行捲針縫。

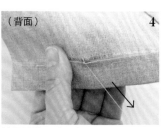

（背面）　4

拉緊縫線。重複步驟1至4。

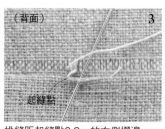

（背面）　3
起縫點

挑縫距起縫點0.2cm的右側摺邊。

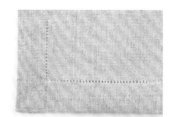

各邊都以相同作法進行捲針縫，完成！

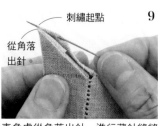

9
刺繡起點
從角落出針。

直角處從角落出針，進行藏針縫縫合。

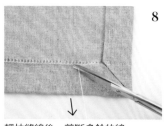

8

輕拉縫線後，剪斷多餘的線。

7

針穿入往上摺疊的布料中（不在正面側出針），隱藏線頭。

好朋友兔兔的 大冒險

刺繡家 Jeu de Fils 高橋亜紀的新連載開始囉！亜紀小姐將在每一期用快樂的十字繡，向你介紹以法國二手市集找到的兔子古董玩偶為雛形的「好朋友兔兔」。

No.33

No.32

No.32

攝影＝回里純子　造型＝西森萌

No.32

ITEM｜兔子迷你束口袋
作 法｜P.98

鮮紅色愛心與藍色兔子的對比效果，讓人湧現活力與勇氣。迷你束口袋還加上了「GET HIM！（抓住他！）」的文字。

No.33

ITEM｜兔子玩偶
作 法｜P.107

全長13.5㎝的兔子玩偶。棉花不要塞得過多，使作品拿在手中時，能呈現鬆軟柔和的觸感。

profile

Jeu de Fils 高橋亜紀

刺繡作家。經營「Jeu de Fils」工作室。居住在法國期間學習正統的刺繡，於當地的刺繡社團活動。目前除了在工作室與文化中心舉辦講座，也於雜誌與web上發表作品。
@jeudefils

升級愛用工具！最新推薦縫紉用品

在縫紉工具的世界裡，每天都有新品發售，並且不斷進化。採用好用又方便的工具，讓手藝技術升級吧！
本次將為你介紹編輯部實際使用並嚴選的推薦商品。

商品協力：（株）KAWAGUCHI、清原（株）、Clover（株）、（株）JANOME SERVICE、袖山（株）、nesshome、（株）BESTEC

裁布剪刀

好剪的裁布剪刀是快樂縫紉的第一步。每次使用後進行擦拭再收入收納套中、塗上防鏽油等，平時勤勞地保養才能常保銳利。在此介紹的裁布剪刀，有宛如蝴蝶般的握把，不只外觀可愛，也兼具好拿的特性。

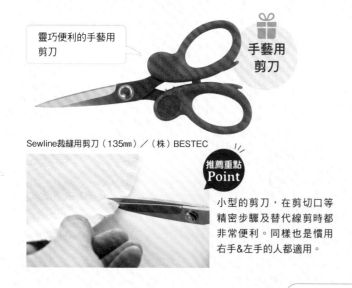

靈巧便利的手藝用剪刀

手藝用剪刀

Sewline裁縫用剪刀（135mm）／（株）BESTEC

推薦重點 Point
小型的剪刀，在剪切口等精密步驟及替代線剪時都非常便利。同樣也是慣用右手&左手的人都適用。

刀刃是輕巧不易生鏽的不鏽鋼材質

裁縫用剪刀

Sewline裁縫用剪刀（210mm）／（株）BESTEC

推薦重點 Point
層疊的布料也能輕鬆裁剪。
無論是慣用右手還是左手，都能使用。

尺　規

推薦有方格的款式，無論是加縫份或畫完成線時都很好用。

推薦重點 Point
背面霧化加工不易滑動，表面塗層使刻度不易消失！

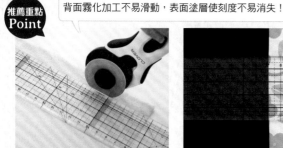

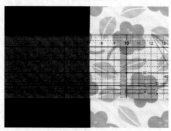

刻度從0開始　　　有斜線記號，在製作滾邊斜布條時非常方便！

洋裁的好用尺規推薦這款！也有60cm的長度可選擇。

裁布方格尺30cm／（株）KAWAGUCHI

刻度的另一側可輔助輪刀裁切。

不管哪種顏色的布料，都能輕鬆地識別文字。

消失筆

消失筆有鉛筆款、粉筆款等各種類型，但若要作出較小的記號，推薦使用自動鉛筆款。

推薦重點 Point

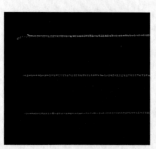

推薦重點 Point

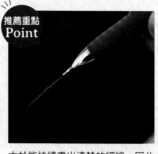

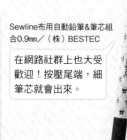

Sewline布用自動鉛筆&筆芯組合0.9mm／（株）BESTEC

在網路社群上也大受歡迎！按壓尾端，細筆芯就會出來。

畫線能用附在筆上的橡皮擦迅速消除，或沾水消除也OK。

筆芯顏色有黑、綠、藍、白、粉紅，全5色。可配合布料顏色來選擇。

由於能持續畫出清楚的細線，因此可輕易地畫記釦眼等小記號。

Sewline筆芯0.9mm／（株）BESTEC

錐子

各種類型的錐子怎麼選?搭配平常用的錐子分工使用,進度就會大幅提昇。

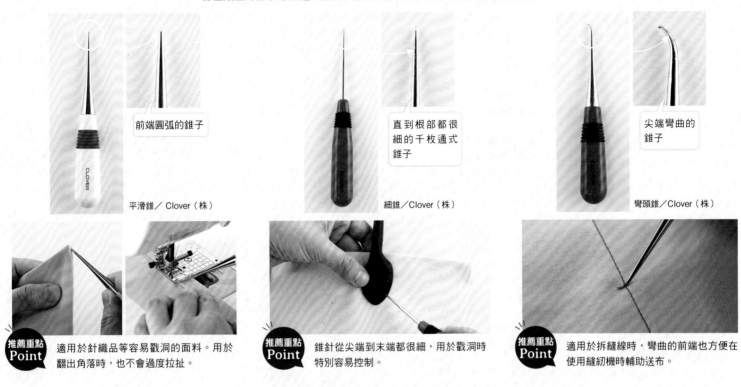

前端圓弧的錐子

平滑錐／Clover(株)

直到根部都很細的千枚通式錐子

細錐／Clover(株)

尖端彎曲的錐子

彎頭錐／Clover(株)

推薦重點 Point 適用於針織品等容易戳洞的面料。用於翻出角落時,也不會過度拉扯。

推薦重點 Point 錐針從尖端到末端都很細,用於戳洞時特別容易控制。

推薦重點 Point 適用於拆縫線時,彎曲的前端也方便在使用縫紉機時輔助送布。

原本就便利的工具,持續進化中!

按壓式四合釦·薄型

無需特殊工具,只要按壓即可安裝的便利四合釦,輕量進化了!

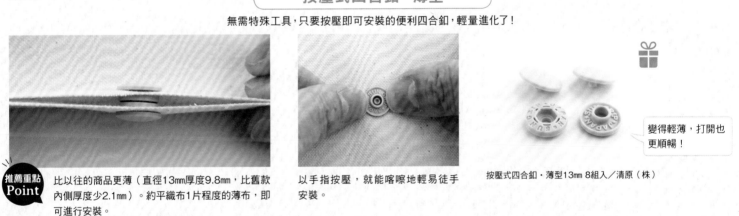

推薦重點 Point 比以往的商品更薄(直徑13mm厚度9.8mm,比舊款內側厚度少2.1mm)。約平織布1片程度的薄布,即可進行安裝。

以手指按壓,就能喀嚓地輕易徒手安裝。

變得輕薄,打開也更順暢!

按壓式四合釦·薄型13mm 8組入／清原(株)

防綻液

防綻液以更好用的形態登場。

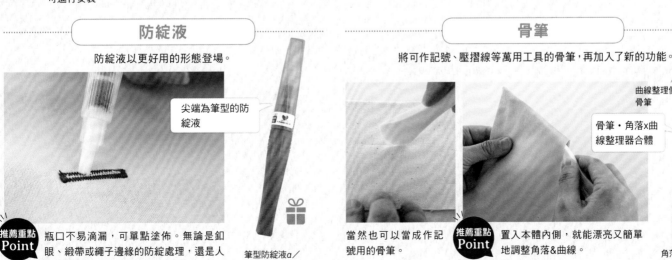

尖端為筆型的防綻液

推薦重點 Point 瓶口不易滴漏,可單點塗佈。無論是釦眼、緞帶或繩子邊緣的防綻處理,還是人偶服裝的製作都相當好用。

筆型防綻液α／(株)KAWAGUCHI

骨筆

將可作記號、壓摺線等萬用工具的骨筆,再加入了新的功能。

曲線整理側·骨筆

骨筆·角落x曲線整理器合體

角落整理側

當然也可以當成作記號用的骨筆。

推薦重點 Point 置入本體內側,就能漂亮又簡單地調整角落&曲線。

角落·曲線整理骨筆／Clover(株)

這是什麼？ 神奇&便利的縫紉工具

③翻到正面的布帶就從長管中出來了！能輕鬆地將腰帶或提把等組件翻至正面。

②以木棍配件將縫合的末端壓入管中。

①M尺寸可翻寬1.9cm至2.5cm，L尺寸可翻寬2.5cm布帶的工具。將長管置入L型車縫的布帶當中。

珍奶吸管？筷子？

管狀翻帶器M+L 2支／袖山（株）

（正面）

③拉Quick Needle、出針，輕鬆地在單點完成出針。還可以應用於刺繡或手縫口金。

（背面）

②從背面將縫針戳入Quick Needle的針孔中。

（正面）

①將Quick Needle從正面插入想要出針的位置。

適用時機是……

從背面朝正面出針時，無法在想要的位置出針。

奇妙形狀的針？

Quick Needle／（株）KAWAGUCHI

縫紉工具造型的飾品？

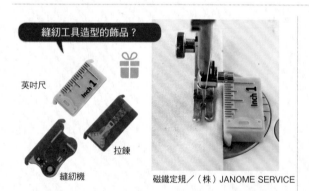

英吋尺

縫紉機

拉鍊

磁鐵定規／（株）JANOME SERVICE

造型流行又可愛的磁鐵定規。吸附在縫紉機針板上並與布邊貼合，就能筆直地車縫，讓縫紉機的車縫作業變得很輕鬆。

以蓋子摩擦拆線完成處，即可去除線頭、清理乾淨。

移開蓋子，兩端是大小拆線器。可依線材粗細&拆線位置的寬窄選用。流行的莫蘭迪色調主體，顏質也很高喔！

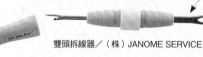

雙頭拆線器／（株）JANOME SERVICE

蜂蜜棒？

這個可愛的貓咪造型是什麼？

吸盤式，可吸附在各處的貓型磁鐵式針座。能吸附在縫紉機等，方便使用的位置。

磁針座貓咪／袖山（株）

散落各處的針，也可利用磁力迅速收拾。

智慧型手錶！？

只要按壓於手腕上，即可穿戴的磁鐵式針座。應該也有人是因為英國某個縫紉節目而開始注意的吧？

手環式磁針座／袖山（株）

編輯部強力推薦！ 解決煩惱的便利縫紉工具

不擅長把線穿過針……壓力好大。

COTTON FRIEND編輯部員工們掛保證的縫針用穿線器

④線穿入針了！

③按下按鈕。

按鈕

②將線掛在本體的<掛線處>。

掛線處

①在本體的<插針孔處>，依箭頭方向對準針孔放入針。

插針孔處

桌上型自動穿線器／Clover（株）

③線穿過車針了！

②沿針孔方向放上凹槽，按壓伸縮讓推線片穿過針孔。

①本體的△記號朝上，掛線於凹槽上。

還有車針專用穿線器

△記號　　附吸針磁鐵

縫紉機用穿線棒／（株）KAWAGUCHI

梭子太多不好收納。

被可愛笑容的線軸先生療癒了！

中央的針座可拆下，因此也能夠分開使用。由於環狀處為矽膠材質，所以梭子不易掉落，還可立起使用。

梭子收納座DX／袖山（株）
※未附梭子、珠針

中心為磁吸針座，環狀處可收納梭子。事先將常用顏色的梭子放置在縫紉機旁，使用時更加順手。

不只可愛還很方便！是能將車縫線&梭子成套收納的小工具。若將梭子上的線頭置入頭部溝槽，線就不會脫落，能清爽收納。車縫時也不用花功夫找尋同色梭子。

線軸先生每色各8個／清原（株）

以水清除的消失筆，要用什麼來消除線條比較好呢？

本體的滴管即帶有抽水功能，操作的機能性相當簡單。能夠重複使用，也非常實惠。

前端為軟筆尖的水筆。按壓按鈕就會出水，因此可迅速清除消失筆的線條。

Sewline水消筆／（株）BESTEC

很在意縫紉機的噪音。

鋪在縫紉機下方，就能減輕震動與噪音。也具有止滑效果，能穩定縫紉機讓車縫更容易。近側處還附有刻度，提供更便利的功能性。

縫紉機專用降噪墊～涼風的搖籃曲～／nesshome

攝影＝回里純子　造型＝西森萌　妝髮＝タニジュンコ　模特兒＝桜庭結衣

又到了眷戀溫暖材質布包＆波奇包的季節。鎌倉SWANY本次冬季要推薦的是：材質為棉質，但無論外觀或質感都如同羊毛般的布料。製作、使用，暖和起來吧！

直到作完為止！

有清楚易懂的示範影片

鎌倉SWANY
羊毛質感的冬色布包

No.**34** ITEM｜皮革提把鋁框口金包
作 法｜P.100

縫上皮革提把，打造時尚感滿分的手提包。包口穿入鋁框口金，除了縫製簡單，開闔也很輕鬆。側身足有12cm，容量＆穩定度都很優異。

表布＝羊毛般的棉質毛呢布（M222-1・古典綠）／鎌倉SWANY

作法影片看這裡！

https://youtu.be/
a8N19aVNYQM

No.35

ITEM ｜ 掀蓋飾片方包
作 法 ｜ P.101

斜向裁剪格子印花，使掀蓋部分作為亮點
的手提包。以宛如沙包一般的方式縫合包
底，呈現出立體感。

表布＝羊毛般的棉質毛呢布（M222-3・豐收黃）／
鎌倉SWANY

作法影片看這裡！

https://youtu.be/
PW4N4r1IzHc

No.36

ITEM ｜ 橢圓底褶襉包
作 法 ｜ P.102

渾圓弧度的獨特袋型，最適合點綴易於單
調的冬季穿搭。皮革提把×羊毛質感面
料，也呈現絕佳的搭配性。

表布＝羊毛般的棉質毛呢布（M222-5・草原綠）／
鎌倉SWANY

作法影片看這裡！

https://youtu.be/
O1ndAWWIFKQ

No.37

ITEM｜寬側身大容量手挽包
作　法｜P.103

拼接不同印花的羊毛質感毛呢素材，將外
觀製作得清爽又時尚。側身寬達14cm，
收納力絕對充足。

表布＝羊毛般的棉質毛呢布（M222-2·混濁深藍）
配布＝羊毛般的棉質毛呢布（M221-3· 羽毛黑）／
鎌倉SWANY

作法影片看這裡！

https://youtu.be/
iHDSHRALahk

No.38

ITEM │彈片口金手拿包
作 法 │ P.104

使用25cm的大尺寸彈片口金。由於口金附有吊耳，簡
單裝上市售肩帶，也可當成斜背的便利隨身包。

表布＝羊毛般的棉質毛呢布（M221-4・岩石灰）
配布＝羊毛般的棉質毛呢布（M222-10・河底藍）／鎌倉SWANY

作法影片看這裡！

https://youtu.be/
IC_gP9KZ_z0

資深設計師的製包創意應用心法
20 款包包 × 7 款口袋設計

由一個包款延伸的設計點子，
利用相同作法，使用紙型不同，就能作出另一個包款的魔法，
是我在創作時，發現趣味的製包理念。

Eileen Handcraft
手作言究室

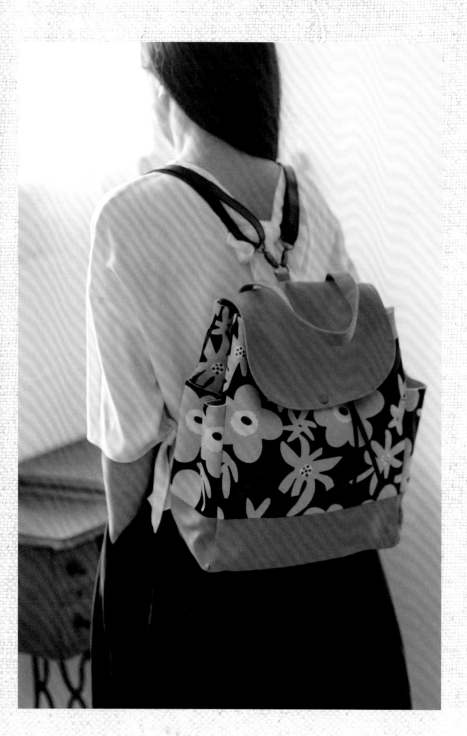

Eileen手作言究室第一本以帆布為素材的手創製包書。從事手作店製包課程商品設計及教學路程十多年，聽從了許多顧客的需求，發現大家對於「自己設計包包」是最有興趣的挑戰，因此有了本書的誕生。

由一個包款延伸的設計點子，利用相同作法，使用紙型不同，就能作出另一個包款，是作者在設計與創作時的製包理念。不愛複雜的花色及花樣，秉持喜愛的簡約風格，Eileen手作言究室利用帆布耐用耐操又有型的特性，收錄20款以帆布進行包款設計及口袋變化的實用作品，從簡單的基本包型，延伸作法製作自己喜愛的日常手作包，即便是入門的初心者，亦可上手！

書中貼心教學 7 款口袋設計，您可隨心所欲地依照自己的需求及分類，在外口袋或內口袋的部分，任意改變自己想要的口袋類型。只要學會一個包包的設計，就能藉由變化，作出更多不同的包包，想要自己設計包包，也能很簡單！

本書收錄基礎包款圖解製作教學及變化包款的作法解說,內附原寸圖案紙型,書中介紹的作法亦附註提醒適合製作的挑戰程度標示,不論是初學者或是稍有程度的進階者,都可在本書找到適合自己製作的作品。

製包是一種生活魔法,能夠為自己或家人好友,設計所需日常機能的設計款帆布包,你也能成為以專屬設計為大家滿載幸福的生活設計師!

簡約至上!設計師風格帆布包
手作言究室的製包筆記
Eileen 手作言究室◎著

平裝 128 頁／21cm×26cm／全彩／定價 **580** 元

No.39 ITEM｜布面無框畫時鐘 作法｜P.83

使用市售的「時鐘套組」，就能輕易地製作時鐘。只需將黏貼了接著襯的喜愛布料，以布用雙面膠黏貼在板子上，再安裝卜機芯即完成。試著將文字盤改以喜愛的圖案配件作裝飾也很不錯喔！

右・表布＝棉平織布 by marimekko（Mini Unikko・126-23-005-001）
左・表布＝棉平織布 by marimekko（PIENI SIIRTOLAPUUTARHA・126-23-013-004）／YUZAWAYA

No.40 ITEM｜收納布盒 作法｜P.105

可迅速整合裁縫工具或客廳雜物等物品的工具盒。提把位於兩側，搬動時也很輕鬆。一次性地多作幾個，對於房間的收納整理大有幫助！

表布＝棉平織布 by marimekko（PIENI SIIRTOLAPUUTARHA・126-23-013-004） 裡布＝棉平織布 by marimekko（PUKETTI・126-23-013- 003）／YUZAWAYA

＼看影片・簡單作！／
How to make

布面無框畫時鐘
https://youtu.be/xUEoA_XCVFc ▶

◀ 收納布盒
https://onl.sc/NUVag73

盒裝衛生紙套
https://onl.bz/bQCVyj1 ▶

Usanko channel ✕ YUZAWAYA

輕鬆迅速完成！
布面無框畫時鐘&布小物

與手作YouTuber Usanko一起，
製作以勞作方式就能完成的時鐘與布小物如何呢？
請先觀看影片，確認製作程序吧！

Usanko channel
上傳以手藝作法為主題的影片，超過10萬人追蹤的人氣頻道。首本著作《YouTuberうさんこチャンネルのまぁいいっか！ハンドメイド（暫譯：YouTuber Usanko channel的將就手作》boutique社出版，好評熱賣中。

No.39

No.40

攝影＝回里純子 造型＝西森 萌

LIBERTY FABRICS／選布

No. 41

No. 41 ITEM｜盒裝衛生紙套
作 法｜P.111

Best of Morris／選布

〈時鐘〉
上・表布＝平織布by Best of Morris（Strawberry thief・121-47-013-006）
下・表布＝平織布by Best of Morris（Brother Rabbit・121-47-023-005）／YUZAWA

由於有裡布，因此是無需
收邊處理的簡易衛生紙
套。作有吊耳，想懸掛使
用也OK。

表布＝YUZAWA特製牛津布 by LIBERTY FABRICS（Small
Susanna 117-01-017-005）／YUZAWA
〈時鐘〉※表布皆為YUZAWA特製牛津布by LIBERTY
FABRICS
藍色＝（Katie and Millie 117-01-442-002）
黃色＝（Adelajda 117-01-444-003）
粉紅色＝（Small Susanna 117-01-017-005）／YUZAWA

雖然一開始忐忑不安地組裝時鐘，但真的以勞作的
方式就能完成！不要文字盤，貼上喜歡的圖案素材
也很棒。請輕鬆愉快地製作吧！

Marimekko

〔Marimekko〕材質：平織布（棉100％）零碼布尺寸：約70×50cm
〔LIBERTY FABRICS〕材質：牛津布（棉100％）布寬：108cm
〔Best of Morris〕材質：平織布（棉100％）布寬：110cm

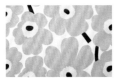
126-23-016-001

126-23-005-002

126-23-013-001

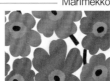
126-23-005-001

LIBERTY FABRICS

117-01-442-003

117-01-442-002

117-01-442-001

126-23-013-003

126-23-013-004

126-23-015-001

117-01-017-004

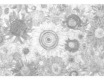
117-01-017-005

117-01-017-002

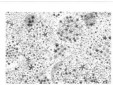
117-01-444-001

117-01-444-004

117-01-444-003

Best of Morris

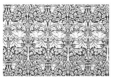
121-47-003-005

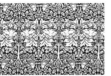
121-47-003-001

121-47-003-003

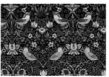
121-47-009

121-47-002-002

121-47-013-006

手作職人
洪藝芳老師

運用質感北歐風格印花
製作實用又可愛的口金包創作集

運用自如的大小口金包,自己在家就能開心製作!

資深手作職人——洪藝芳老師第一本以北歐風格印花布料創作的口金包選集,以往對於口金包
只有小巧可愛的刻板印象,書中收錄了尺寸較大的雙口金大包及袋中袋款口金包,讓口金包也
能成為實用的隨身袋物,成為打造日常文青風格的手作穿搭元素。

本書附有口金包基本製作教學及作品作法解說,內附原寸圖案紙型,書中介紹的作法亦附有貼
心提醒適合程度製作的標示,不論是初學者或是稍有程度的進階者,都可在本書找到適合自己
製作的作品。洪老師也在書中加入了口金包的製作Q&A,分享她的口金包製作小撇步,多製作
幾個也不覺膩的口金包,希望您在本書也能夠找到靈感,訂製專屬於您的職人口金包。

職人訂製口金包
北歐風格印花布×口金袋型應用選
洪藝芳◎著
全彩 96 頁／21cm×26cm／定價 480 元

內含紙型

9 10

9／新書中的「藍色棉花糖」口金包版型，運用圖案布製作，呈現另一款風情。　10／新書中的「紅色花序」口金包版型，改以紫色系製作，就成了大人風味的典雅作品。

赤峰清香的
布包物語

以閱讀及欣賞電影作為興趣，並用來轉換心情的布包作家
赤峰清香老師，將在每一期伴隨親筆寫下的感想文，向大
家介紹想要推薦的書籍或電影，並製作取其內容為創作意
向的設計包款。請和介紹的書籍一同享受企劃主題「布包
物語」。

攝影＝回里純子　造型＝西森萌
妝髮＝タニジュンコ　模特兒＝桜庭結衣

No.42

No.43

54

搭配的真皮提把是以鉚釘固定的款式，也為簡單的布包加上了別緻的點綴。

No.42	ITEM｜皮革提把馬歇爾托特包
	作 法｜P.106
No.43	ITEM｜迷你馬爾歇托特包
	作 法｜P.106

馬歇爾提籃型的托特包，是以赤峰小姐設計的時尚十字印花石蠟加工10號帆布製作。兼具挺度與韌性，且能以家用縫紉機車縫是其魅力。橢圓底具有穩定性，可保持站立，因此不只是外出，作為收納籃也非常好用。

No.42・表布＝10號石蠟帆布（十字印花 深藍色）
　　　　提把＝手提式提把（BM-4116 #25焦茶色）／ INAZUMA（植村株式會社）
No.43・表布＝10號石蠟帆布（十字印花 灰色）

布包設計的契機來自「蜜柑」，連帶地也用來當成裝蜜柑的籃子！

《蜜柑》芥川龍之介著（株式会社文鳥社）

文鳥文庫 第四冊「果實」

這次要推薦的書是芥川龍之介的《蜜柑》。也是我至今為止所讀過的芥川短篇小說之中，最喜歡的作品。最初接觸到這本書，是高中時在父親書房的書架上找到芥川龍之介全集。這是一本光是翻閱，似乎就會稍微變得知性的書。

我許到容易被捉於描寫情境的文章、文筆優美的文章觸動心弦，《蜜柑》在這方面真的非常優秀。在極短的本篇作品當中，以精密濃縮的文字，讓每一個情境及色彩歷歷在目，甚至連味道似乎都能想像得到。即便是100多年前發表的作品，其字裡行間描繪的景色與情境竟如此具有渲染力！是不管何時、看幾次依然歷久彌新，都能讓人心動的作品。即使再過多久，它的魅力也必定依然如此。

書中故事發生在某個陰沉冬季的傍晚，開頭讓人聯想到混濁的沉重氛圍，以及憂鬱。身在火車中的主角，對於坐在眼前的小姑娘感到厭惡。更由於小姑娘在隧道中打開窗戶，讓主角置身在煤煙當中，而到了想要大聲斥責那般程度的惱怒，但……當小姑娘從窗戶探出身子，對並排站在平交道另一邊的三個男孩丟出蜜柑，在這個瞬間明白一切的主角，心情豁然開朗；原來是要去籌備地點工作的女孩，與送行的弟弟們啊！他們究竟是懷抱著什麼樣的心情呢？在鼻酸的同時，也因替弟弟們著想的女孩的溫柔而感到窩心。飄散在天空的蜜柑，是多麼地鮮明。主角的心情似乎從陰天的色彩轉變成了明亮的色調，也隨之帶來了如蜜柑般清爽的讀後感。

那麼，從《蜜柑》聯想到的，是袋口可大大展開的馬爾歇托特包。兼具可愛與些許的懷舊氛圍，使用灰色與深藍十字印花布製作。若是裝入帶有葉子的蜜柑也一定很可愛！

馬爾歇托特包

★有裡布・內口袋

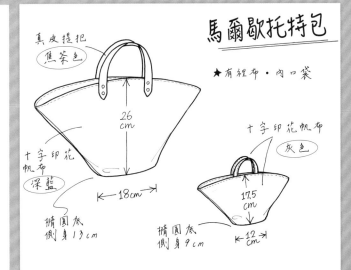

真皮提把 焦茶色

26cm

十字印花帆布 深藍

18cm

橢圓底 側身13cm

十字印花帆布 灰色

17.5cm

橢圓底 側身9cm

12cm

profile　赤峰清香

文化女子大學服裝學科畢業。於VOGUE學園東京、橫濱校以講師的身分活動。近期著作《仕立て方が身に付く手作りバッグ練習帖（暫譯：學會縫法 手作包練習帖）》Boutique社、《きれいに作れる帽子（暫譯：作漂亮的帽子）》主婦與生活社，內附能直接剪下使用的原寸紙型，因豐富的步驟圖解讓人容易理解而大受好評。

http://www.akamine-sayaka.com/
@sayakaakaminestyle

Kurai Miyoha

簡約就是最好！

Simple is Best!

若是要製作新的春季用錢包，推薦適合行動支付年代的輕巧設計。

創作者Kurai Miyoha將為你提出「簡約就是最好」的錢包。

profile

Kurai Miyoha

畢業於文化學園大學。在裁縫設計師的母親Kurai Muki 的帶領之下，自幼就非常熟悉裁縫世界。畢業後，作為「KURAIMUKIATRLIER」的（倉井美由紀工作室）的工作人員開始活動。貫徹KURAI MUKI流派「輕鬆縫製，享受時尚」的縫製精神，並作為母親的好幫手擔任縫紉教室講師、版型師、創作家，過著忙碌的生活。

https://shop-kurai-muki.ocnk.net/
🅾 kurai_muki

No.44   ITEM｜三摺短夾
作 法｜P.108

拿在手上的穩定性佳，在包中也不會太佔空間，靈巧實用的三摺款式。
若以2023年的幸運色彩「孔雀綠」，或被稱作最強色彩「白色」的合成皮作為表布，或許能提昇財運。

備有卡片收納層以及掀蓋式零錢袋，小尺寸卻有完善的收納功能。

不怕裁布 NG！簡單又有型！

從後背包～環保筷袋等布小物，快速完成超實用！

「直裁法」是只要直接在布面上畫直線＆剪下縫製，
即可快速完成的簡單布作技巧，

因為不需要紙型，所以裁縫初學者也能迅速完成漂亮的作品。

也因為袋型設計簡單，更能明顯地展現出布料的花色魅力。

你也趕快挑選心愛的布料，立刻動手試試看吧！

簡單直裁的43堂布作設計課（暢銷版）

新手ok！快速完成！超實用布小物！

BOUTIQUE SHA ◎授權

平裝／72頁／21×26cm

彩色／定價320元

在Instagram上擁有84萬名粉絲的日本夫婦bonpon，
親自指點你伴侶在服裝造型上搭配的訣竅！
製作出手作單品，變換出不同穿搭，
並運用小配件讓整體造型畫龍點睛，
運用三個基本顏色就能創造的個性穿搭風，
自己就能作出適合各年齡層成人的搭配單品喔！

不退流行＋各種身型 一次滿足！

希望孩子穿的舒適又有型！

親手製作的童裝，對孩子與家長來說是開心又深刻的記憶！
但孩子的成長速度快，童裝往往轉眼間就變小穿不下了。
要是衣服能夠跟隨孩子「長大」，應該很不錯吧！
只要透過一點技巧與巧思，就能讓衣服被穿更久。
就讓「舒適又可以久穿的童裝」，為各位創造許許多多的重要回憶吧！

舒適耐穿的設計款孩童服
運用鈕釦·抽繩·鬆緊帶·褶子·袖口布來調整尺寸
美濃羽まゆみ◎著
平裝／88 頁／19×26cm
彩色＋雙色／定價 480 元

攝影＝回里純子　造型＝西森 萌　妝髮＝タニ ジュンコ　模特兒＝桜庭結衣

YOKO KATO

方便好用的
圍裙＆小物

縫紉作家・加藤容子老師至今為止所製作過的圍裙數量已達200件以上！本期要介紹適合冬季家事的日式圍裙，以及用相同布料製作的小物。

No.45

ITEM｜胸前交叉圍裙
作 法｜P.109

使用蓬鬆刷毛棉質，溫暖卻輕盈的棉起毛布製作日式圍裙，設計成縫製＆穿脫都很簡單的交叉領款式。袖口有鬆緊帶，在進行洗滌類的家事時可防止袖子滑落。

表布＝airycotto（Currant 3335254-J20B）／ CF marché

No.46

ITEM｜室內鞋（大人款）
作 法｜P.91

使用No.45日式圍裙同款布料製作的室內鞋。開口作有鬆緊帶，可更加貼合足部。夾入鋪棉的設計，則給予冰冷的雙腳溫暖的包覆度。

表布＝airycotto（Currant 3335254-J20B）／ CF marché

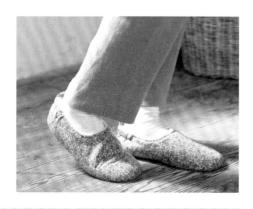

profile
加藤容子

裁縫作家。目前在各式裁縫書籍和雜誌中刊載許多作品。為了能夠達成「任何人都容易製作，並且能漂亮完成」的目標，每一件創作都是謹慎地檢視作法＆反覆調整製作而成，因此發表作品皆深具魅力。近期著作《今日作って明日着る服（暫譯：今天作明天穿的服飾）》Boutique社出版。

https://blog.goo.ne.jp/peitamama
[Instagram] @yokokatope

手藝書的 作者採訪專欄

這是介紹手藝書幕後製作故事，以及作者在書中無法詳盡傳達想法的企劃單元——手藝書的作者採訪專欄。第一回訪問到新書《バッグ講師が教える とっておきの布で作る仕立てのよいバッグとポーチ（暫譯：布包講師來教你，用珍藏布料作美麗車工的布包與波奇包／Boutique社出版）》的作者，冨山朋子小姐。

《バッグ講師が教える とっておきの布で作る仕立てのよいバッグとポーチ（暫譯：布包講師來教你，用珍藏布料作美麗車工的布包與波奇包）》
冨山朋子著
Boutique社出版

——本書在發行之後，收到了許多「這麼漂亮的布包竟然可以用手工製作！」這樣的反應。冨山小姐在製作布包時最重視的是什麼呢？

作法與其說是「裁縫」，更像是「勞作」，這就是我作包的方式。以疏縫固定夾、雙面膠以及橡膠接著劑替代珠針，在縫合厚布或皮布時可防止位移，同時無需熨燙。這樣的流程或許比較接近皮藝。若想「輕鬆地製作漂亮布包」，仔細地完成車縫前作記號的工序，以及貼襯等預備動作相當重要，因此我想著能在書中傳達這個概念就太好了！不斷地重複「製作好就試用看看，然後再次製作一次」，我覺得這也是讓技術精進的捷徑。此外，若布包本身很重，攜帶時就會很累；因此盡量作得「輕盈」這方面，也是我相當重視的堅持。

——選布也是很重要的關鍵對吧？

布料或許有適合與不適合的設計，但我認為使用自己喜歡的布料來製作才是最重要的。這次書中使用的就是我20年來喜愛不已的COLONIAL CHECK布料。這款布料，由於本身存在感很高，因此極力地簡化了包包的設計，講求於活用「布力（這是作者自製詞彙）」！

——關於寫書時堅持的部分是……

本書中雖然沒有附布包的原寸大紙型，但卻有附能放在紙型曲線上，描繪弧度的「曲線尺」。在月曆或海報這種比較厚的紙張上，自己畫線製作紙型，圓弧部分再使用附贈的「曲線尺」來進行描繪。透過自己畫線，能夠加深對布包構造的理解，之後就能依自己偏好的尺寸或款式製作布包。請務必活用本書，若能讓讀者享受自製喜愛布包的樂趣，我就開心滿足了！

No.**47** ITEM｜束口包
作法｜P.112

與以上介紹新書P.20的束口波奇包同款，有提把的束口包。兩脇邊包捲上皮滾邊，增添成熟風情。由於可摺疊，作為大包包中的備用包也OK。

表布＝棉布（Patry1）／COLONIAL CHECK

攝影＝回里純子　造型＝西森 萌　妝髮＝タニ ジュンコ　模特兒＝桜庭結衣

懷舊&可愛!
ADERIA復古布料的手作提案

復刻了昭和年代,家家戶戶都有的ADERIA玻璃器皿,將「ADERIA復古」風格引入布料設計。讓人沉浸在搶眼的懷舊氛圍&可愛感當中!

攝影=腰塚良

> 用1片108cm×50cm防水零碼布,製作布包&波奇包!

No.48　ITEM｜防水提袋
作法｜P.113

無論是當作備用包,或帶便當、散步時使用都適合的有側身布包。由於是選用防水布料縫製,無需裡布、不用處理布邊就能製作的輕鬆度,都是它的優點。

No.49　ITEM｜防水波奇包
作法｜P.113

使用30cm拉鍊。無裡布,製作簡單是其魅力。請與提袋一起製作成套組吧!

左・表布=防水零碼布(ADERIA復古 Alice・124-06-044-011)
中・表布=防水零碼布(ADERIA復古 梨・124-06-044-010)
右・表布=防水零碼布(ADERIA復古Masquerade・124-06-044-007)／YUZAWAYA

ADERIA復古 Alice 糖果罐375ml・有腳點心杯淺型・迷你牛奶鍋・儲物罐／銀座LOFT

ADERIA復古的可愛布料

牛津布 ※ Ⓐ　布寬:約寬110cm　材質:棉100%

防水零碼布 ※ Ⓑ　尺寸:約寬108cm×50cm　材質:棉100%

ユザワヤ

Ⓐ124-06-042-003　Ⓑ124-06-044-003

Ⓐ124-06-042-007　Ⓑ124-06-044-007

Ⓐ124-06-042-010　Ⓑ124-06-044-010

Ⓐ124-06-042-002　Ⓑ124-06-044-002

Ⓐ124-06-042-001　Ⓑ124-06-044-001

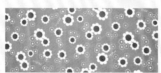
Ⓐ124-06-042-005　Ⓑ124-06-044-005

Ⓐ124-06-042-009　Ⓑ124-06-044-009

Ⓐ124-06-042-008　Ⓑ124-06-044-008

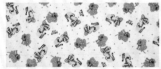
Ⓐ124-06-042-011　Ⓑ124-06-044-011

Ⓐ124-06-042-004　Ⓑ124-06-044-004

Ⓐ124-06-042-012　Ⓑ124-06-044-012

Ⓐ124-06-042-006　Ⓑ124-06-044-006

快樂輕鬆學 DIY　　＊喜佳手作空間獨家研習

CIE 喜佳手作空間　Doing、Art ＆LIFE

很多事情是做了，才開始喜歡

自分で作ってみましょう

手作DIY

「快樂輕鬆學」
3 小時即可完成作品
$ 6 0 0 元 / 單堂

喜佳手作空間　　　Cheer Studio

門市電話:(03)425-9048
FB粉絲專頁:喜佳手作空間
店址:桃園市中壢區慈惠三街155號
品牌官網:https://cheerstudio.cces.com.tw

官方網站　　FACEBOOK　　INSTAGRAM　　Cheer Studio

初學者 的入門選擇
Fun Easy Learn

縫紉達人研習－手作類

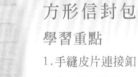

方形信封包
學習重點
1.手縫皮片連接釦
2.袋口拉鍊製作
3.內外均製作貼式口袋，
　增加置物空間

沉靜莫蘭迪
學習重點
1.拉鍊夾車作法，縫份包邊處理
2.袋身上翻可手提、肩背兩用
3.可車縫底板運用讓袋型更輕挺

＊縫紉達人研習報名請洽喜佳各直營門市

CIE 臺灣喜佳股份有限公司　http://www.cces.com.tw

縫紉達人研習－拼布類

瑪格莉波頓提袋
學習重點
1.一體成型組合製作概念
2.機縫貼布縫製作運用技巧
3.搭配尺規工具壓線運用

木若藤雙珠口金包
學習重點
1.運用安定紙快速配色拼接
2.手縫式口金包製作學習
3.機縫貼布縫製作

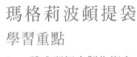

臺灣喜佳FB

縫紉達人研習－洋裁類

不對稱上衣
學習重點
1.不對稱剪裁
2.領口領貼邊處理
3.拉克蘭袖製作
4.兩種口袋製作

Good Foods

好食側背包

配合2023年兔年好食光布組，以好上手的簡易袋型，
讓縫紉初學者瞭解圖案布不同的使用方式及變化應用。
袋身為小巧的迷你方形造形，雖然看似迷你卻非常能裝，
搭配質感金屬皮件的使用，讓簡易的袋型看起來豐富並且精緻。

攝影場地協助／臺灣喜佳股份有限公司
作品設計‧製作‧示範教學‧作法文字提供／蔡昇老師
攝影／Muse Cat Photography吳宇童
採訪執行‧企畫編輯／陳姿伶

Introduction

師資介紹 **蔡昇老師**

現任 台灣喜佳股份有限公司產品設計發展部／主任
教學經歷 服裝製作、袋包製作、立體裁剪
電腦程控橫邊針織設計

獲獎經歷：
2018東京新人設計師時裝大賞／秀作賞
2019中國國際大學生時裝周／針織設計獎
2019台灣毛衣設計開發競賽／入圍獎
2018台灣毛衣設計開發競賽／第一名
2016台灣毛衣設計開發競賽／佳作

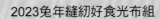

2023兔年縫紉好食光布組

喜佳特邀台灣新鋭插畫家，
以集結日常中的特色小吃、療癒甜點作為主題，
結合縫紉、輔料相關工具元素為出發點，
透過幽默俏皮的視角賦予食物們一點奇幻的想像。

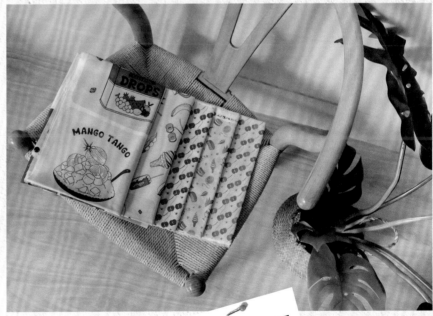

布組設計

新鋭插畫家—**李佳蔓LI CHIA MAN**

從服裝、電影、音樂以及日常生活中的
想像與體驗汲取靈感，
創作許多趣味並反應現代的插畫作品，
風格具有女性視角同時帶有鮮明豐富的配色，
猶如自帶濾鏡般地觀察這個世界。

Good Foods好食側背包

示範包款

用布量及尺寸

袋身尺寸	印花布	11號素帆布
寬17cm x 高19cm x側 5 cm	1組	1尺

裁布及燙襯說明　　※原寸紙型：C 面

① 表前袋身 1 片（先燙輕挺襯不含縫份，後燙厚布襯含縫份）
　＊可選擇小圖案拼布方式構成，或直接裁下大圖案部分製作。
② 表後袋身 1 片（先燙輕挺襯不含縫份，後燙厚布襯含縫份）
③ 裡前袋身 1 片
④ 裡後袋身 1 片
⑤ 表側袋身 1 片（先燙輕挺襯不含縫份，後燙厚布襯含縫份）
⑥ 裡側袋身 1 片

布材 · 接著襯

2023 兔年縫紉好食光主題布料 1 組
11 號素帆布 1 尺
輕挺襯 1 支、厚布襯 1 碼

學習重點

① 布料取圖、袋物構成
② 簡易直線拼接
③ 左右針位應用
④ 金屬皮配件手縫

工具 · 配件

布剪、線剪、#14 車針、方格尺
記號筆、錐子、珠針、手縫針
手縫線、拆線器
D 型環連接皮片 2 個
磁釦皮袋蓋 1 組
105cm 撞色背帶 1 條

how to make

4 車縫表後袋身：取珠針將表後袋身與表側袋身正面相對別合，以步驟 2 相同作法車縫 U 字，即完成表袋身車縫。

3 車縫表前袋身：取珠針將表前袋身與表側袋身正面相對別合，於表側袋身底部弧形縫份處剪牙口使縫份展開，車縫 U 字。

2 先進行表前袋身取圖，將袋身紙型置中於九宮格布片上並裁剪，即可得到一片表前袋身。再將紙型置於 11 號素帆布及配色布上，依照裁布說明將表、裡裁片裁好，並將輕挺襯及厚布襯燙於裁片上。

1 將 2 片圖案布中小正方形部分剪下 9 片，每 3 片小正方形，正對正拼接成長條狀（重複圖 1-1、1-2 完成車縫動作）。將 3 條長方依序正對正拼接車縫（圖 1-3），即可得到九宮格正方形。

4-1

4-2

4-3

3-1

3-2

3-3

2-1
撞釘磁釦記號
+
表袋身×2 片
（燙輕挺襯不含縫份）

2-2

2-3

2-4

1-1
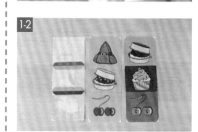

1-2

1-3
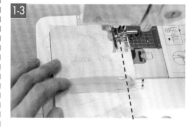

5 燙開表前、後袋身縫份，並將袋身翻回正面。

5-1

5-2

---

6 車縫裡前袋身：取珠針將裡前袋身與裡側袋身正面相對別合，於裡側袋身底部弧形縫份處剪牙口使縫份展開，車縫 U 字。

6-1
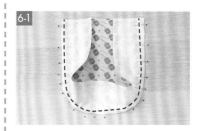

6-2

6-3

7 車縫裡後袋身：取珠針將裡後袋身與裡側袋身正面相對別合，於袋底中心處約 13cm 返口。同樣在弧形縫份處剪牙口後，先從袋口車縫至返口停止，再從返口另一端將 U 字車縫完成，接著燙開裡前、後袋身縫份。

7-1
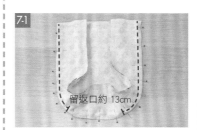
留返口約 13cm

7-2

7-3

返口

7-4

返口

---

8 車縫表、裡袋身：將表、裡袋身正面相對別合，車縫袋口縫份一圈後，從返口將袋身整個翻回正面，並將袋身整燙平整（建議隔布整燙）。

8-1
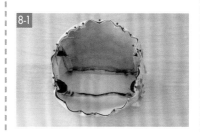

8-2

8-3

8-4

9 於袋口下 0.2cm 處壓臨邊線一圈，固定裡布。再進行手縫返口：使用手縫針及手縫線，以藏針縫方式縫合返口。

9-1

9-2

9-3

返口

---

10 依照紙型，將皮袋蓋、前磁釦皮片、D環皮片手縫位置畫於袋身上。

10-1

10-2

前磁釦
皮片位置

10-3

D環皮片
位置

---

11 手縫固定皮配件後，扣上雙色背帶就完成了！

11-1

11-2

11-3

11-4

☑ 不需要攤開大張紙型複寫。

☑ 已含縫份，列印後只需沿線裁下就能使用。

☑ 免費下載。

直接列印
含縫份的紙型吧！

No.16 十二生肖沙包
（本期附「兔子沙包」原寸紙型）

本期刊載的部分作品，
可以免費自行列印含縫份的紙型。

No.14 目出鯛壁飾

那麼，立刻試著
動手列印吧！

No.24鬱金香胸針

No.23花朵胸針

No.29織補繡兔子掛飾

3

點選＜カートに入れる（放入購物車）＞

1

進入COTTON FRIEND PATTERN SHOP

https://cfpshop.stores.jp/

※作法頁面也有QR Code及網址。

COTTON FRIEND PATTERN SHOP

HOME　ITEM　CATEGORY

4

點選＜ゲスト購入する（訪客購買）＞

カートに入っているアイテム

2

選擇要下載的紙型，點一下。

HOME　ITEM　CATEGORY

5

填寫必填欄位後點按
<內容のご確認へ（確認內容）>

・請填入姓名、電話與電子郵件信箱。
・若不加入會員，也不需收到電子報與最新資訊，可將下方的<情報登錄>取消勾選。

6

點選<注文する（購買）>

・請確認以上內容，勾選<以下に同意する（同意）>，再點選<注文する（購買）>。

7

點選<ダウンロード（下載）>

8

確認尺寸的比例尺

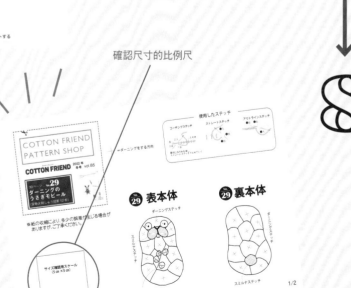

紙型下載完成！

・直接存在桌面，準備列印。
・原寸請使用A4紙張列印（若是設定成「配合紙張大小列印」，將無法以正確尺寸印出，請務必加以確認）。
・印出後請務必確認張數無誤，並檢查列印紙上「確認尺寸的比例尺」是否為原寸5cm×5cm。

完成尺寸	材料
寬28×高24×側身15cm	表布（Tana Lawn）70cm×40cm
原寸紙型	配布（亞麻布）60cm×40cm／裡布（棉布）70cm×50cm
A面	接著襯（中薄）70cm×40cm
	接著鋪棉 30cm×20cm

橢圓底束口包

3. 製作表本體

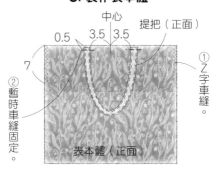

中心
提把（正面）
0.5　3.5　3.5
7
①Z字車縫。
②暫時車縫固定。
表本體（正面）

※另一片表本體同樣縫上提把。

③依2.-⑤至⑨相同作法縫製。

表底（背面）
表本體（背面）

4. 套疊表本體＆裡本體

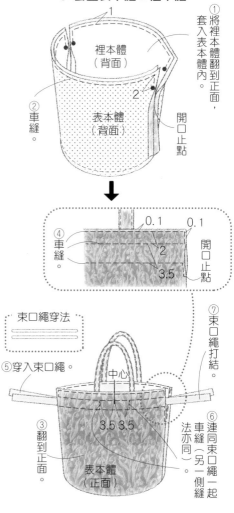

①將裡本體翻到正面，套入表本體內。
裡本體（背面）
②車縫。
表本體（背面）
開口止點
3
③翻到正面。
④車縫。
0.1　0.1
2
3.5
開口止點

束口繩穿法

⑤穿入束口繩。
中心
3.5　3.5
③翻到正面。
表本體（正面）
⑥連同束口繩一起車縫（另一側縫法亦同）。
⑦束口繩打結。

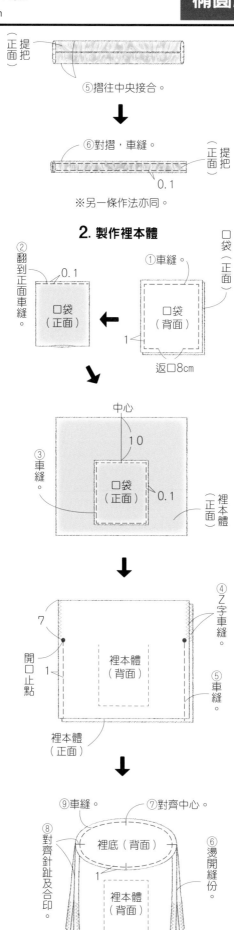

正面 提把
正面 提把
⑤摺往中央接合。

⑥對摺，車縫。
正面 提把
0.1
※另一條作法亦同。

2. 製作裡本體

②翻到正面車縫。
0.1
口袋（正面）
①車縫。
口袋（背面）
口袋（正面）
返口8cm
1

中心
10
③車縫。
口袋（正面）
0.1
裡本體（正面）

④Z字車縫。
7
開口止點
1
裡本體（背面）
⑤車縫。
裡本體（正面）

⑨車縫。
⑦對齊中心。
⑧對齊針趾及合印。
裡底（背面）
1
⑥燙開縫份。
裡本體（背面）

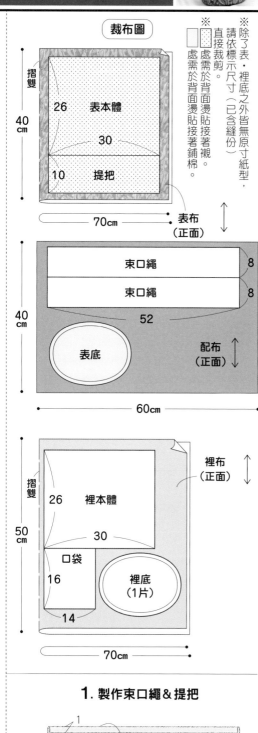

裁布圖

□■□ 直接裁剪
※處需於背面燙貼接著襯。
■處需於背面燙貼接著鋪棉。
※除了表・裡底之外皆無原寸紙型，請依標示尺寸裁剪（已含縫份）。

摺雙
40cm
26　表本體
30
10　提把
70cm
表布（正面）

束口繩　8
束口繩　8
52
表底
40cm
配布（正面）
60cm

摺雙
50cm
26　裡本體
30
口袋
16
14
裡底（1片）
70cm
裡布（正面）

1. 製作束口繩＆提把

①摺疊。
1
1
束口繩（正面）

②對摺。
1
束口繩（背面）

③車縫。
1
束口繩（正面）

④翻到正面車縫。
0.1
束口繩（正面）

※另一條作法亦同。

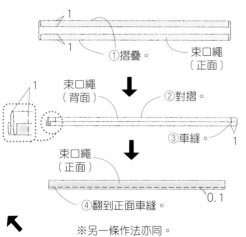

完成尺寸	材料
寬10×高10×側身8cm	**表布**（Tana Lawn）30cm×15cm
原寸紙型	**配布**（牛津布）50cm×15cm
無	**裡布**（棉布）55cm×30cm／**接著襯**（中薄）55cm×30cm
	Coil拉鍊 20cm 1條

立方體波奇包

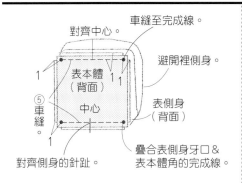

對齊中心。
車縫至完成線。
表本體（背面）
避開裡側身。
① 1 1
⑤車縫。
中心
表側身（背面）
對齊側身的針趾。
疊合表側身牙口＆表本體角的完成線。
1

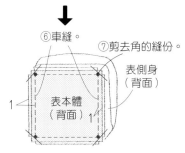

⑥車縫。
⑦剪去角的縫份。
表側身（背面）
表本體（背面）
1 1
※依⑤至⑦縫製另一側。

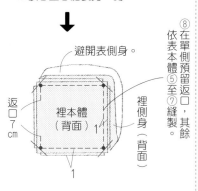

避開表側身。
⑧在單側預留返口，其餘依表本體⑤至⑦縫製。
返口7cm
裡本體（背面）
裡側身（背面）
1 1

4. 完成

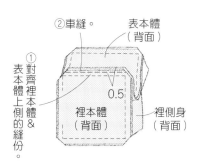

②車縫。
表本體（背面）
①對齊裡本體＆表本體上側的縫份。
0.5
裡本體（背面）
裡側身（背面）
※另一側作法亦同。

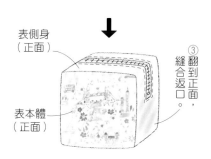

③翻到正面，縫合返口。
表側身（正面）
表本體（正面）

拉鍊（正面）

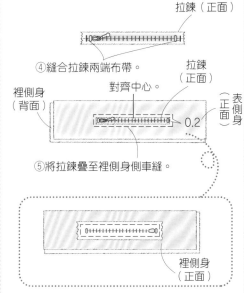

④縫合拉鍊兩端布帶。
拉鍊（正面）
裡側身（背面）
對齊中心。
表側身（正面）
0.2
⑤將拉鍊疊至裡側身側車縫。
裡側身（正面）

2. 縫上內口袋

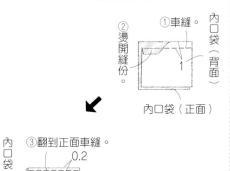

②燙開縫份。
①車縫。
內口袋（背面）
1
內口袋（正面）

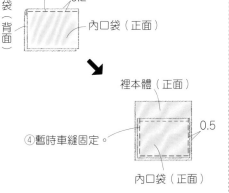

③翻到正面車縫。
0.2
內口袋（背面）
內口袋（正面）

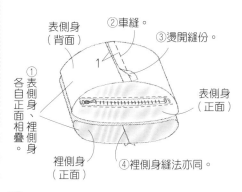

裡本體（正面）
0.5
④暫時車縫固定。
內口袋（正面）

3. 製作本體

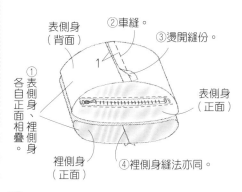

表側身（背面）
②車縫。
③燙開縫份。
1
①表側身、裡側身各自正面相疊。
表側身（正面）
裡側身（正面）
④裡側身縫法亦同。

裁布圖

※標示尺寸已含縫份。
※□處需於背面燙貼接著襯。

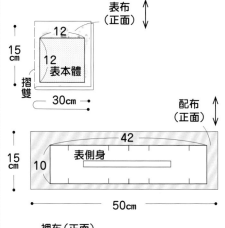

表布（正面）
15cm
12
12
表本體
摺雙
30cm

配布（正面）
15cm
42
表側身
10
50cm

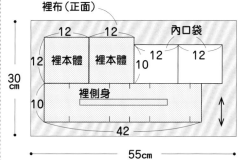

裡布（正面）
12 12
內口袋
12
裡本體 裡本體
10 12 12
30cm
裡側身
10
42
55cm

【表、裡側身的記號作法】
※ l 處剪0.8cm牙口作合印記號。

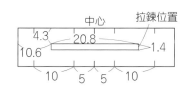

中心 拉鍊位置
4.3 20.8 1.4
10.6
10 5 5 10

1. 安裝拉鍊

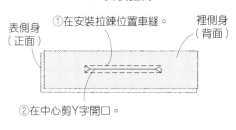

表側身（正面）
①在安裝拉鍊位置車縫。
裡側身（背面）
②在中心剪Y字開口。

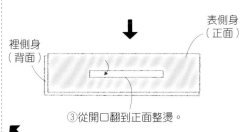

裡側身（背面）
表側身（正面）
③從開口翻到正面整燙。

完成尺寸
寬18×高18cm

原寸紙型
A面

材料
表布（Tana Lawn）60cm×25cm
裡布（棉布）50cm×45cm
FLATKNIT拉鍊 20cm 1條
磁釦（手縫型）1cm 1組
麂皮繩 寬0.3cm 150cm

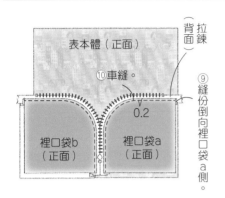

⑩車縫。

表本體（正面）

（背面）拉鍊

⑨縫份倒向裡口袋a側。

0.2

裡口袋b（正面）　裡口袋a（正面）

---

4. 製作表本體

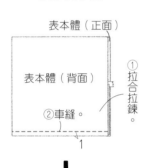

表本體（正面）

表本體（背面）

①拉合拉鍊。

②車縫。

1

⑤暫時車縫固定。

0.5　2　　2

吊耳（正面）

摺雙側

表本體（正面・後片）

③燙開縫份。

表本體（正面・前片）

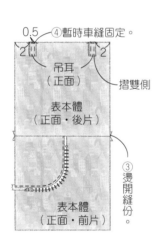

1.5　⑤暫時車縫固定　1.5

0.5

表本體（正面・後片）

裡袋蓋（正面）

表本體（正面・前片）

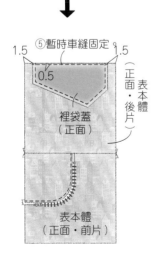

---

2. 製作袋蓋

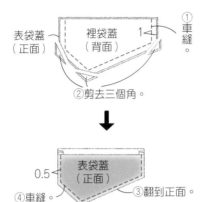

表袋蓋（正面）

裡袋蓋（背面）　1

①車縫。

②剪去三個角。

0.5

表袋蓋（正面）

④車縫。　③翻到正面。

---

3. 縫上口袋

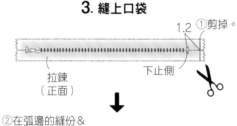

1.2　①剪掉。

拉鍊（正面）

下止側

②在弧邊的縫份＆拉鍊布帶剪0.5cm牙口。

0.7　③車縫。　拉鍊（正面）

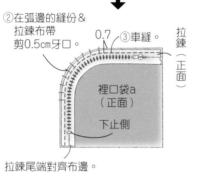

裡口袋a（正面）

下止側

拉鍊尾端對齊布邊。

④表口袋＆裡口袋b正面相對，包夾另一側拉鍊布帶。

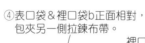

裡口袋b（正面）

0.7　⑤剪牙口。

表口袋（背面）

拉鍊（正面）

拉鍊尾端對齊布邊。

⑥車縫。

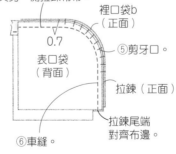

⑧車縫。　⑦翻到正面。

0.2　拉鍊（正面）

表口袋（正面）

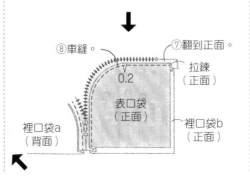

裡口袋a（背面）　裡口袋b（正面）

※除了表口袋、裡口袋a・b及表・裡袋蓋之外皆無原寸紙型，請依標示尺寸（已含縫份）直接裁剪。

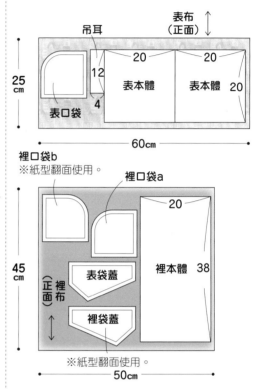

吊耳　表布（正面）

25cm　12　20　20

表口袋　4　表本體　表本體　20

60cm

裡口袋b　※紙型翻面使用。

裡口袋a

20

45cm

（正面）裡布

表袋蓋　裡本體　38

裡袋蓋

※紙型翻面使用。

50cm

---

1. 製作吊耳

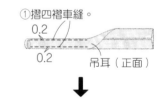

①摺四褶車縫。

0.2

0.2　吊耳（正面）

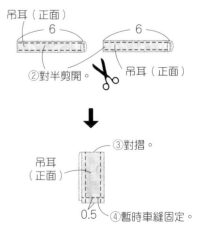

吊耳（正面）　6　　6　吊耳（正面）

②對半剪開。

③對摺。

吊耳（正面）

0.5　④暫時車縫固定。

※另一條作法亦同。

6. 完成

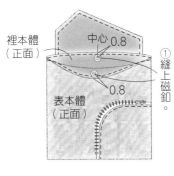

裡本體（正面）
中心 0.8
表本體（正面）
0.8
① 縫上磁釦。

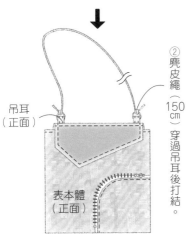

吊耳（正面）
表本體（正面）
② 麂皮繩（150cm）穿過吊耳後打結。

裡袋蓋（正面）
0.3
⑥ 車縫。
表本體（正面）
⑤ 縫合返口，翻到正面。

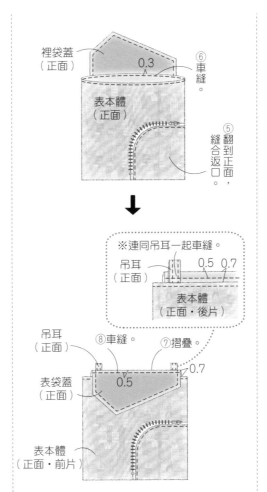

※連同吊耳一起車縫。
吊耳（正面）
0.5 0.7
表本體（正面・後片）

吊耳（正面）
⑧ 車縫。
⑦ 摺疊。
0.7
表袋蓋（正面）
0.5
表本體（正面・前片）

5. 疊合表本體＆裡本體

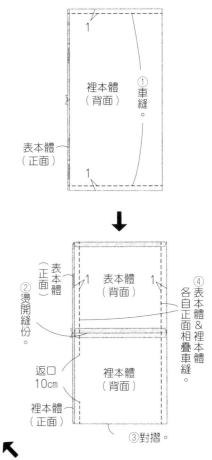

1
裡本體（背面）
① 車縫。
表本體（正面）

表本體（正面）
1
表本體（背面）
1
② 燙開縫份。
返口 10cm
裡本體（背面）
裡本體（正面）
④ 表本體＆裡本體各自正面相疊車縫。
③ 對摺。

完成尺寸	材料	P.22_ No.25
寬18×長100cm	表布（羊毛布）60cm×50cm	迷你圍脖
原寸紙型	裡布（顆粒絨）50cm×60cm	
無		

2. 疊合表本體＆裡本體

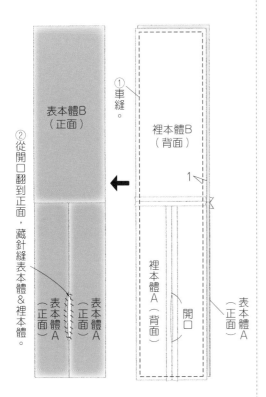

表本體B（正面）
① 車縫。
裡本體B（背面）
1
② 從開口翻到正面，藏針縫表本體＆裡本體。
表本體A（正面）
表本體A（正面）
裡本體A（背面）
開口
表本體A（正面）

1. 製作表本體＆裡本體

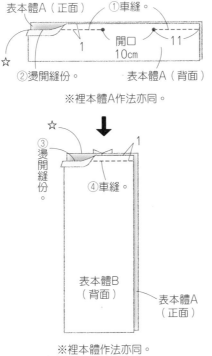

表本體A（正面）
① 車縫。
1
開口 10cm
11
② 燙開縫份。
表本體A（背面）

※裡本體A作法亦同。

③ 燙開縫份。
1
④ 車縫。
表本體B（背面）
表本體A（正面）

※裡本體作法亦同。

裁布圖
※標示尺寸已含縫份。

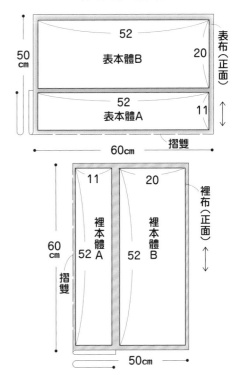

52
表本體B
20
表布（正面）
52
表本體A
11
50cm
60cm
摺雙

11
20
裡本體A
52
裡本體B
52
裡布（正面）
60cm
摺雙
50cm

6. 完成

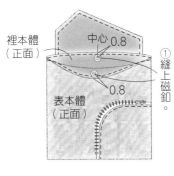

裡本體（正面）／中心 0.8／表本體（正面）／0.8／① 縫上磁釦。

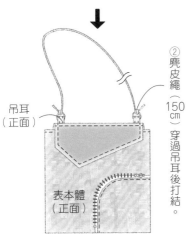

吊耳（正面）／表本體（正面）／② 麂皮繩（150cm）穿過吊耳後打結。

裡袋蓋（正面）／0.3／⑥ 車縫。／表本體（正面）／⑤ 縫合返口，翻到正面。

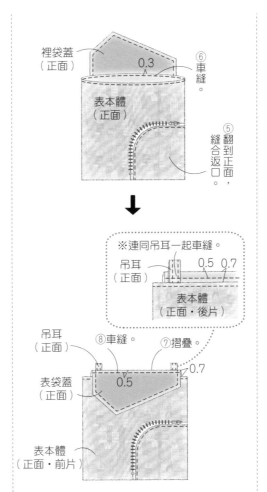

※連同吊耳一起車縫。／吊耳（正面）／0.5 0.7／表本體（正面・後片）

吊耳（正面）／⑧ 車縫。／⑦ 摺疊。／0.7／表袋蓋（正面）／0.5／表本體（正面・前片）

5. 疊合表本體＆裡本體

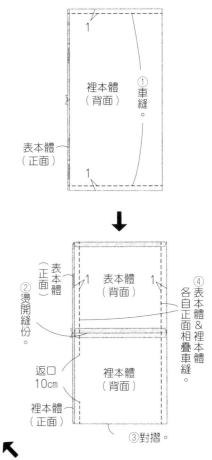

1／裡本體（背面）／① 車縫。／表本體（正面）

表本體（正面）／1／表本體（背面）／1／② 燙開縫份。／返口 10cm／裡本體（背面）／裡本體（正面）／④ 表本體＆裡本體各自正面相疊車縫。／③ 對摺。

完成尺寸	材料	P.22_ No.25
寬18×長100cm	表布（羊毛布）60cm×50cm	迷你圍脖
原寸紙型	裡布（顆粒絨）50cm×60cm	
無		

2. 疊合表本體＆裡本體

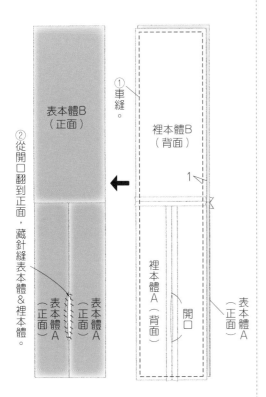

表本體B（正面）／① 車縫。／裡本體B（背面）／1／② 從開口翻到正面，藏針縫表本體＆裡本體。／表本體A（正面）／表本體A（正面）／裡本體A（背面）／開口／表本體A（正面）

1. 製作表本體＆裡本體

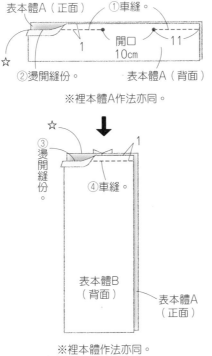

表本體A（正面）／① 車縫。／1／開口 10cm／11／② 燙開縫份。／表本體A（背面）

※裡本體A作法亦同。

③ 燙開縫份。／1／④ 車縫。／表本體B（背面）／表本體A（正面）

※裡本體作法亦同。

裁布圖
※標示尺寸已含縫份。

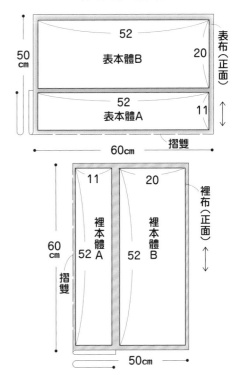

52／表本體B／20／表布（正面）／52／表本體A／11／50cm／60cm／摺雙

11／20／裡本體A／52／裡本體B／52／裡布（正面）／60cm／摺雙／50cm

73

完成尺寸	材料	
寬12×高20×側身2cm	表布（Tana Lawn）95cm×40cm	
原寸紙型	裡布（棉斜紋布）35cm×45cm／接著襯（薄）90cm×40cm	
無	接著鋪棉 45cm×15cm／D型環 12mm 2個	
	問號鉤 12mm 2個／Coil拉鍊 20cm 1條	

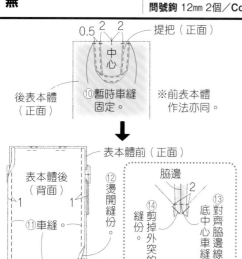

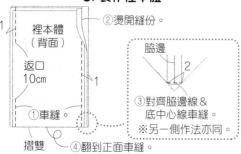

5. 製作裡本體

6. 套疊表本體＆裡本體

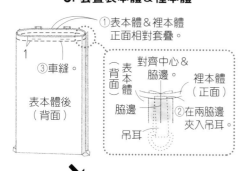

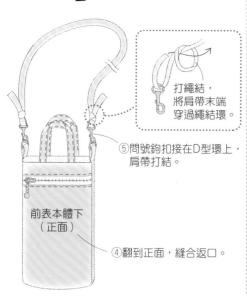

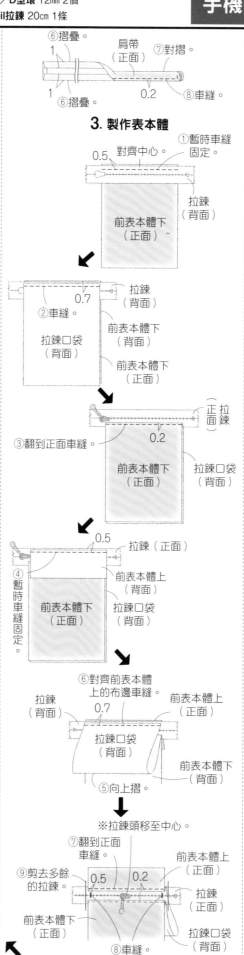

3. 製作表本體

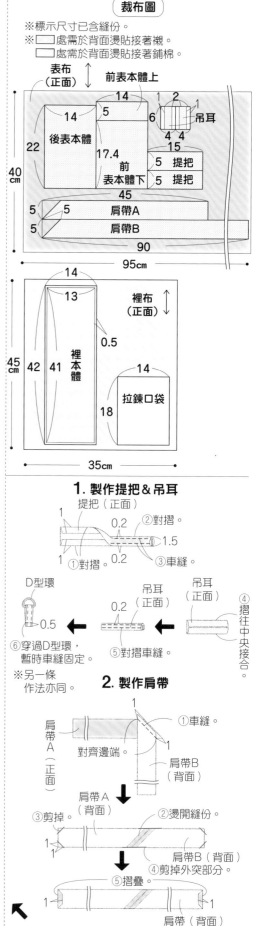

裁布圖

※標示尺寸已含縫份。
※□處需於背面燙貼接著襯。
　□處需於背面燙貼接著鋪棉。

表布（正面）

1. 製作提把＆吊耳

2. 製作肩帶

完成尺寸	材料	
寬16×高23×側身16cm	表布（Tana Lawn）60cm×40cm／配布（11號帆布）85cm×35cm	
原寸紙型	鋪棉 55cm×25cm／皮革帶 寬15mm 40cm	
A面	問號鉤 15mm 2個	
	固定釦 8mm 2組／麂皮繩 寬3mm 80cm	

水桶包

3. 套疊表本體＆裡本體

①摺疊。

裡本體（背面）　　表本體（背面）

1

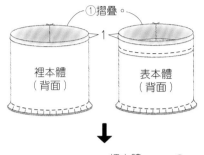

②背面相疊車縫。

裡本體（正面）　0.2

中心

表本體（正面）

③麂皮繩（80cm）穿過布環，前端打結。

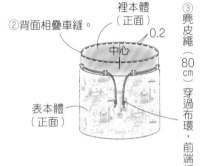

4. 接縫提把

提把（正面）　①打洞。

1　　　　　1

4　　　　　4

皮革帶（36cm）

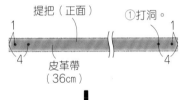

②穿過問號鉤，以固定釦加以固定。

固定釦　問號鉤

提把（背面）

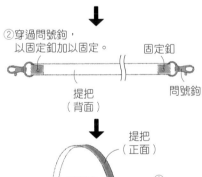

提把（正面）

中心

③將問號鉤扣接在兩脇邊的布環上。

表本體（正面）

布環（正面）

7　　6　6　　0.5　7

12　中心　12

摺雙側

②暫時車縫固定布環。

表本體（正面）

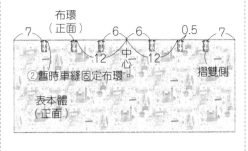

1　　③車縫。

口布（背面）

表本體（正面）

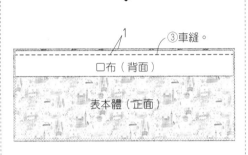

④縫份倒向表本體側。

口布（背面）　1

⑤對摺。

表本體（背面）　⑥車縫。

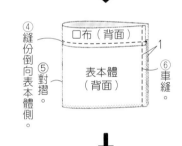

口布（背面）

表本體（背面）

表底（背面）

1

※依⑤至⑨製作裡本體。

⑨表本體＆表底正面相對車縫。

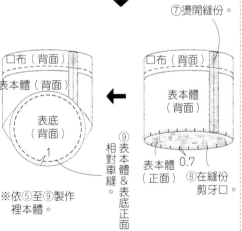

⑦燙開縫份。

口布（背面）

表本體（背面）

表本體（正面）　0.7

⑧在縫份剪牙口。

裁布圖

※除了表‧裡底布之外皆無原寸紙型，請依標示尺寸（已含縫份）直接裁剪。

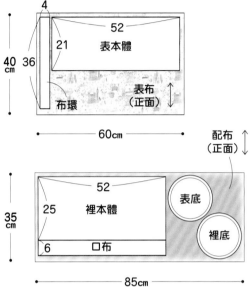

4

52

表本體

21　36

布環

表布（正面）

40cm

60cm

配布（正面）

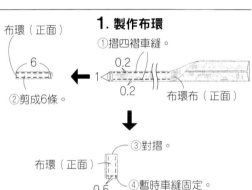

52

裡本體

25

6　口布

表底

裡底

35cm

85cm

1. 製作布環

布環（正面）

①摺四褶車縫。

6

0.2

1

0.2

布環布（正面）

②剪成6條。

③對摺。

布環（正面）

0.5

④暫時車縫固定。

※6條作法均同。

2. 製作本體

①在背面重疊鋪棉，進行Z字車縫。

表本體（正面）

固定釦安裝方法

木槌

平凹斬

固定釦【完成】（面釦）

④放上平凹斬，以木槌敲打固定。

固定釦（面釦）

本體（正面）

③蓋上面釦。

固定釦（底釦）　打台

本體（正面）

②以圓斬等在安裝位置打洞，由背面穿出底釦。

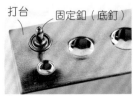

打台　固定釦（底釦）

①將底釦放在打台上。

固定釦

底釦　面釦

完成尺寸	材料
寬19×高20cm	表布（平織布）70cm×50cm
	填充棉 約70g
原寸紙型	毛線 適量
A面	LED蠟燭燈（高約4cm）1個
	厚紙 7cm×10cm

P.12_ No.08
樹型蠟燭燈燈罩

掃QR Code 看作法影片！

https://onl.bz/ZdzsxfP

裁布圖

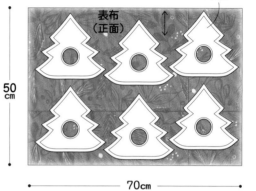

本體

表布（正面）

50cm

70cm

底側 　（正面）本體　正面

③縫合返口（共6處返口）。

3. 縫上毛球

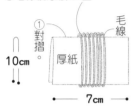

②毛線繞厚紙80圈。

①對摺。

毛線

10cm

厚紙

7cm

③取下厚紙，在中心打2次結。

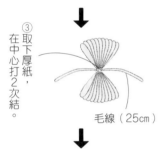

毛線（25cm）

④剪開上下線圈。

⑤一邊整理形狀，一邊修剪成圓形。

⑥縫上毛球。

本體（正面）

⑦放入LED蠟燭燈。

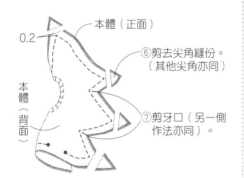

本體（正面）

0.2

本體（背面）

⑥剪去尖角縫份。（其他尖角亦同）

⑦剪牙口（另一側作法亦同）。

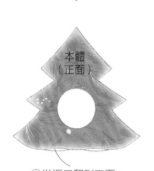

本體（正面）

⑧從返口翻到正面。

※3組本體的作法相同。

2. 疊合本體

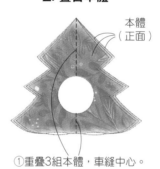

本體（正面）

①重疊3組本體，車縫中心。

本體（正面）

②從返口填入棉花。

---

1. 製作本體

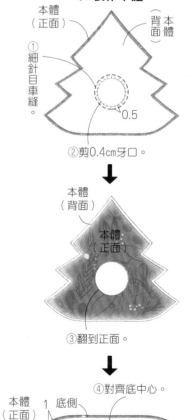

本體（正面）　本體（背面）

①細針目車縫。

0.5

②剪0.4cm牙口。

本體（背面）

本體（正面）

③翻到正面。

④對齊底中心。

本體（正面）

1　底側

返口　返口

本體（背面）

⑤一邊拉出內側收摺的布，一邊車縫周圍。

材料
- 表布（平織布）70cm×50cm
- 填充棉 約70g
- 毛線 適量
- LED蠟燭燈（高約4cm）1個
- 厚紙 7cm×10cm

P.12＿ No.09
鐘型蠟燭燈燈罩

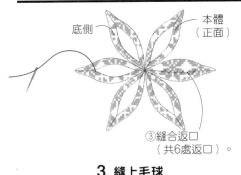

底側　　　　　本體（正面）

③縫合返口（共6處返口）。

3. 縫上毛球

②毛線繞厚紙80圈。

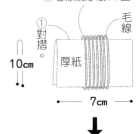

①對摺。
10cm
毛線
厚紙
毛線
7cm

③取下厚紙，在中心打2次結。

毛線（25cm）

⑤一邊整理形狀，一邊修剪成圓形。

④剪開上下線圈。

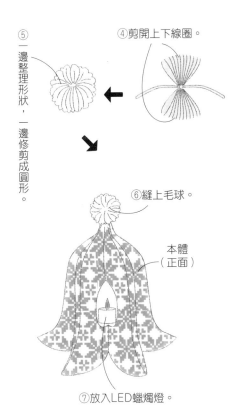

⑥縫上毛球。

本體（正面）

⑦放入LED蠟燭燈。

---

⑥將頂端縫份剪至0.5cm。

0.5

⑦在縫份剪牙口。

本體（背面）

本體（正面）

⑧剪去尖角的縫份。（另一側作法亦同）

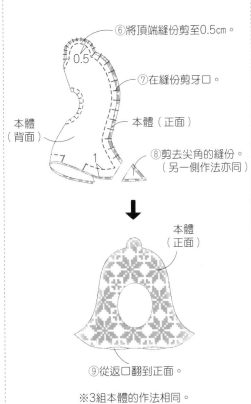

本體（正面）

⑨從返口翻到正面。

※3組本體的作法相同。

2. 疊合本體

本體（正面）

①重疊3組本體，車縫中心。

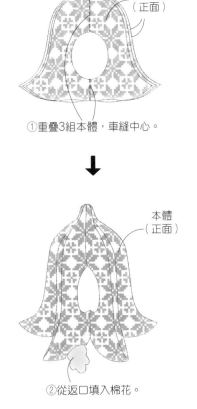

本體（正面）

②從返口填入棉花。

裁布圖

表布（正面）　　　　　本體

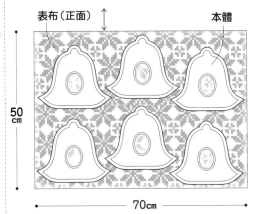

50cm

70cm

1. 製作表本體

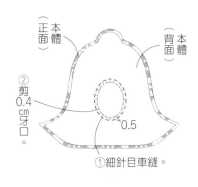

本體（正面）　　本體（背面）

②剪0.4cm牙口。

0.5

①細針目車縫。

本體（背面）　　本體（正面）

③翻到正面。

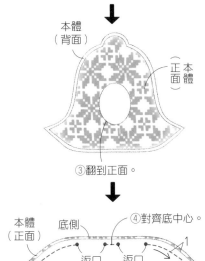

本體（正面）　底側　　④對齊底中心。

返口　　返口

1

本體（背面）

⑤一邊拉出內側收摺的布，一邊車縫周圍。

完成尺寸
寬17.5×長25cm

原寸紙型
A面

材料
表布（平織布）45cm×30cm
配布（平織布）65cm×65cm
鋪棉（薄）90cm×30cm
接著鋪棉（硬）90cm×30cm

P.13_ No.10
隔熱手套（2隻）

3. 製作本體

③在弧邊的縫份剪牙口。
②車縫。
裡本體（正面）
10cm返口
裡本體（背面）
5
1
表本體A（背面）
表本體B（正面）
①表本體&裡本體各自正面相疊。
④燙開縫份。

⑧拆下疏縫線。
4
4
⑤翻到正面，縫合返口。
⑦車縫。
表本體A（正面）
裡本體（正面）
⑥將裡本體放入表本體內，整理形狀。

※依相同作法，左右對稱地製作另一隻手套。

②對摺。
掛繩（正面）
0.2
③車縫。

2. 疊合表本體&裡本體

表本體A（正面）
②疏縫固定。
①重疊鋪棉。
鋪棉

※表本體B也同樣縫上鋪棉。

表本體A（正面）
（正面）掛繩
0.8
2.5 2.5
中心
③暫時車縫固定。

表本體A（正面）
④表本體A與裡本體正面相疊。
裡本體（背面）
1
⑤車縫。
⑥燙開縫份。

※表本體B與裡本體作法亦同。

裁布圖

※掛繩無原寸紙型，請依標示尺寸（已含縫份）直接裁剪。
※□處需於背面燙貼接著鋪棉。
※鋪棉依表本體紙型裁剪4片。

30cm
表布（正面）
表本體A
摺雙
45cm

配布（正面）
掛繩 11 4
※紙型翻面使用。
裡本體
表本體B
65cm
裡本體
表本體B
摺雙
65cm

1. 製作掛繩

①摺往中央接合。
掛繩（正面）

78

完成尺寸	材料
寬32×高25cm	**表布**（平織布）85cm×60cm
原寸紙型	**配布**（平織布）15cm×15cm
A面	**接著鋪棉**（軟）85cm×30cm
	塑膠四合釦 13mm 1組

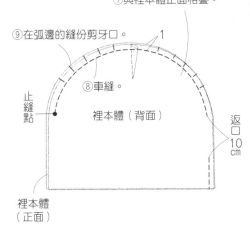

⑦與裡本體正面相疊。

⑨在弧邊的縫份剪牙口。

⑧車縫。

止縫點

裡本體（背面）

裡本體（正面）

返口10cm

4. 疊合表本體&裡本體

②表本體&裡本體正面相疊。

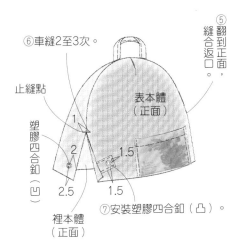

止縫點

④剪去邊角。

裡本體（背面）

表本體（背面）

③車縫。

①燙開縫份。

⑥車縫2至3次。

⑤翻到正面，縫合返口。

止縫點

表本體（正面）

塑膠四合釦（凹）

2.5　1.5　1.5

裡本體（正面）

⑦安裝塑膠四合釦（凸）。

2. 製作掛繩&耳絆

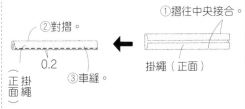

①摺往中央接合。

②對摺。

0.2

③車縫。

（正面）掛繩

掛繩（正面）

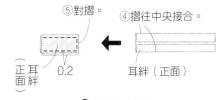

⑤對摺。

④摺往中央接合。

0.2

（正面）耳絆

耳絆（正面）

3. 製作本體

①尖褶摺半車縫。

表本體（背面）

②縫份倒向右側。

※另一片表本體&兩片裡本體作法亦同。

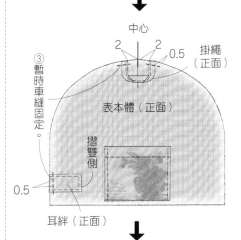

中心

2　　2

0.5

掛繩（正面）

③暫時車縫固定。

表本體（正面）

摺雙側

0.5

耳絆（正面）

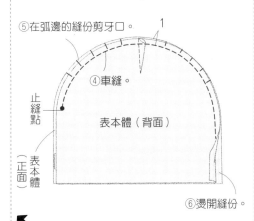

⑤在弧邊的縫份剪牙口。

④車縫。

止縫點

表本體（背面）

（正面）表本體

⑥燙開縫份。

裁布圖

※掛繩、耳絆及口袋無原寸紙型，請依標示尺寸（已含縫份）直接裁剪。

※□處需於背面燙貼接著鋪棉。

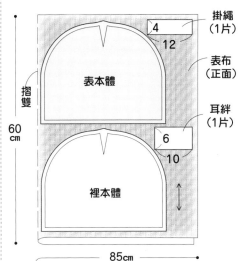

摺雙

60cm

表本體

裡本體

85cm

掛繩（1片）
4　12

表布（正面）

耳絆（1片）
6　10

配布（正面）

口袋

15cm

15cm

13　14.5

1. 縫上口袋

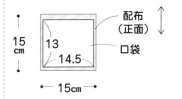

②依1.5cm→1.5cm寬度三摺邊車縫。

1.5　1.5

0.2

口袋（背面）

①Z字車縫。

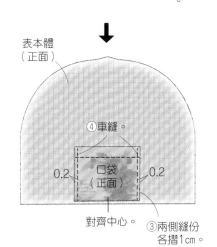

表本體（正面）

④車縫。

0.2　口袋（正面）　0.2

對齊中心。

③兩側縫份各摺1cm。

完成尺寸	材料
寬9×高9×側身9cm	**表布**（棉布）40cm×30cm／**裡布**（棉布）70cm×35cm
原寸紙型	**接著鋪棉**（硬）40cm×30cm
無	**金屬拉鍊** 30cm／**25號繡線**（紅色）適量
	羅緞緞帶 寬1.6cm 120cm／**釦子** 2cm 1顆

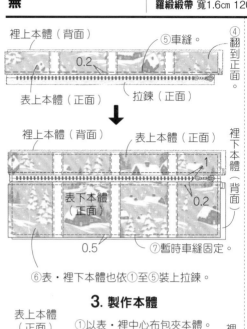

⑤車縫。
④翻到正面。
裡上本體（背面）
0.2
表上本體（正面）
拉鍊（正面）

裡上本體（背面）
表上本體（正面）
裡下本體（背面）
1
0.2
表下本體（正面）
0.5
⑦暫時車縫固定。

⑥表・裡下本體也依①至⑤裝上拉鍊。

裁布圖

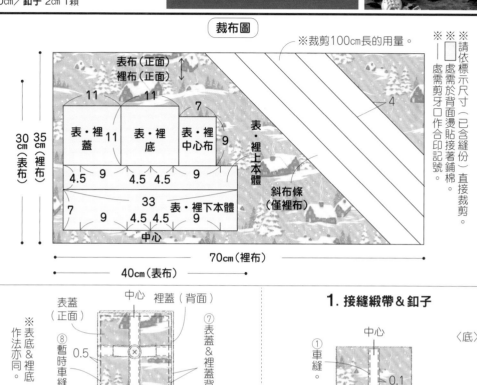

※裁剪100cm長的用量。

※ ※ ※
□處需於背面燙貼接著鋪棉處。
│標示尺寸（已含縫份）直接裁剪。
處需剪牙口作合印記號。

表布（正面）
裡布（正面）

30cm（表布） 35cm（裡布）

表・裡蓋 11　11
表・裡底
表・裡中心布　7　9

4.5　9　4.5　4.5　9
表・裡上本體

7　9　4.5　4.5　9　表・裡下本體
33
斜布條（僅裡布）

中心

40cm（表布）
70cm（裡布）

---

3. 製作本體

①以表・裡中心布包夾本體。
表上本體（正面）
裡中心布（正面）
表下本體（正面）
表中心（背面）
1
②車縫

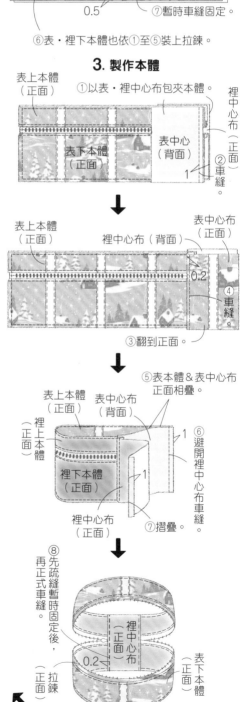

表上本體（正面）
裡中心布（背面）
表中心布（正面）
0.2
④車縫。
③翻到正面。

⑤表本體＆表中心布正面相疊。
表上本體（正面）
表中心布（背面）
裡上本體（正面）
⑥避開裡中心布車縫。
裡下本體（正面）
1　1
裡中心布（正面）
⑦摺疊。

⑧先疏縫暫時固定後，再正式車縫。
裡中心布（正面）
0.2
表下本體（正面）
拉鍊（正面）

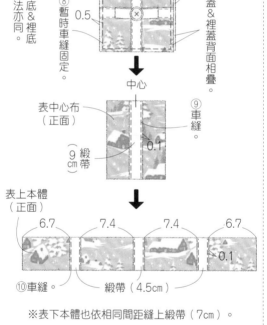

※表底＆裡底作法亦同。

表蓋（正面）
中心
裡蓋（背面）
⑧暫時車縫固定。
0.5
⑦表蓋＆裡蓋背面相疊。
中心

表中心布（正面）
⑨車縫。
緞帶（9cm）
0.1

表上本體（正面）
6.7　7.4　7.4　6.7
0.1
⑩車縫。
緞帶（4.5cm）

※表下本體也依相同間距縫上緞帶（7cm）。

2. 安裝拉鍊

表上本體（正面）
0.5
對齊中心。
拉鍊（背面）
上止側
①暫時車縫固定。

表上本體（正面）
0.7
②與裡上本體正面相疊。
裡上本體（背面）
③車縫。

---

1. 接縫緞帶＆釦子

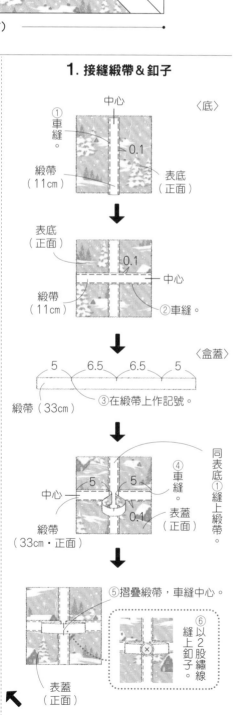

〈底〉
中心
①車縫。
0.1
緞帶（11cm）
表底（正面）

表底（正面）
0.1
中心
緞帶（11cm）
②車縫。

〈盒蓋〉
5　6.5　6.5　5
③在緞帶上作記號。
緞帶（33cm）

中心
5　5
④車縫。
0.1
緞帶（33cm・正面）
表蓋（正面）
同表底①縫上緞帶。

⑤摺疊緞帶，車縫中心。

表蓋（正面）

⑥以2股繡線縫上釦子。

4. 完成

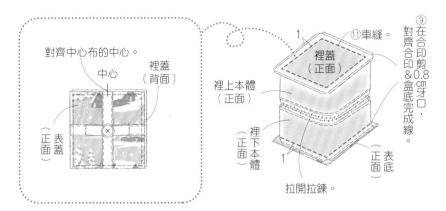

裡蓋（正面）
0.9
裡上本體（正面）
①正面相疊放上斜布條車縫。
斜布條（背面）

②摺疊。
斜布條（正面）
1
③包捲縫份，進行藏針縫。
④翻到正面。

重疊 2.5 cm
1

對齊中心布的中心。
中心
裡蓋（背面）
（正面）表蓋
（裡蓋）
裡上本體（正面）
拉開拉鍊。
裡下本體（正面）
（裡）正面
（正面）表底

⑨在合印剪牙口，對齊合印 & 0.8cm 盒底完成線。
⑪車縫。
裡蓋（正面）
1

完成尺寸	材料	
寬8.3×高8.3cm	皮革（栃木皮革）厚1.2mm 20cm×10cm 2片	P.14_ No.**13** **皮革樹木擺飾**
原寸紙型 **A面**		

工具參見P.27

2. 裁切皮革

1

白膠乾後，將紙型鋪在皮革上，以錐子沿著紙型作記號。
（錐子、皮革（正面））

2

再黏貼另一片皮革 & 壓上砝碼等重物以確保平整，並等待乾燥。
（皮革（背面）、皮革（正面））

1. 黏合皮革

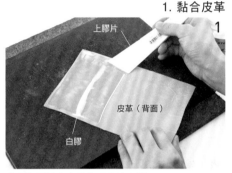

1

使用上膠片在皮革背面薄塗白膠。
（上膠片、皮革（背面）、白膠）

4

以雞眼釦斬在中心打洞。
（本體A（正面））

3

再次以裁皮刀尖端抵住角的另一夾邊，裁斷。
（皮革（正面））

2

沿著記號以裁皮刀裁切。角的部分分兩次裁切。首先，將裁皮刀的尖端抵住角的位置。
（皮革（正面）、裁皮刀）

對齊切口，交叉固定，完成！

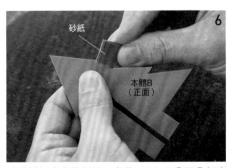

6

以砂紙打磨皮革側面。參見P.28 3-②至④打磨「邊條」（指皮革的切面）。本體A也同樣打磨。
（砂紙、本體B（正面））

5

以裁皮刀從孔洞記號處起，裁切中心線。
（裁斷。、本體B（正面）、本體A（正面））

材料
表布（棉布）100cm×75cm／**配布A**（棉布）55cm×40cm
配布B（棉布）25cm×25cm／**配布C**（棉布）70cm×30cm
配布D（棉布）50cm×30cm／**配布E**（棉布）15cm×25cm
接著襯（硬）100cm×70cm／雙膠接著襯 10cm×5cm
接著鋪棉（厚）100cm×50cm／接著鋪棉（薄）50cm×25cm
不織布貼紙（白色）直徑0.7cm 1片／不織布（黑色・白色）各5cm×5cm
25號繡線（白色）適量

P.15_ No.**14**
目出鯛壁飾

⑨裝上眼睛。

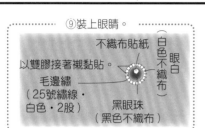

不織布貼紙（白色
以雙膠接著襯黏貼。
眼白
（白色不織布）
毛邊繡
（25號繡線・
白色・2股）
黑眼珠
（黑色不織布）

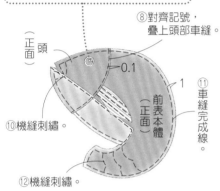

（正面）頭
⑧對齊記號，
疊上頭部車縫。
0.1
⑪車縫完成線。
前表本體（正面）
1
⑩機縫刺繡。
⑫機縫刺繡。

毛邊繡

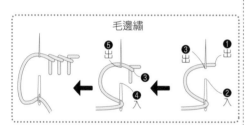

3. 疊合表本體＆裡本體

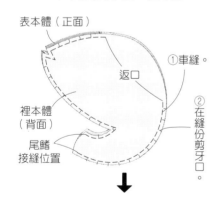

表本體（正面）
①車縫。
返口
裡本體（背面）
尾鰭接縫位置
②在縫份剪牙口。

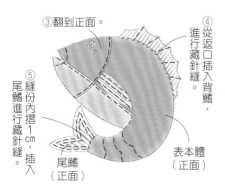

③翻到正面。
④從返口插入進行藏針縫。
⑤縫份內摺1cm，插入尾鰭進行藏針縫。
尾鰭（正面）
表本體（正面）

1. 製作尾鰭・胸鰭・背鰭

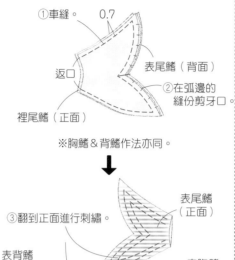

①車縫。
0.7
表尾鰭（背面）
②在弧邊的縫份剪牙口
返口
裡尾鰭（正面）

※胸鰭＆背鰭作法亦同。

③翻到正面進行刺繡。
表尾鰭（正面）
表背鰭（正面）
表胸鰭（正面）
返口
機縫刺繡。

2. 製作表本體

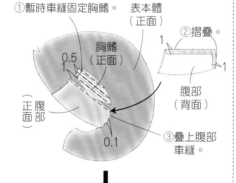

①暫時車縫固定胸鰭。
表本體（正面）
胸鰭（正面）
0.5
（正面）腹部
②摺疊。
1
1
腹部（背面）
③疊上腹部車縫。
0.1

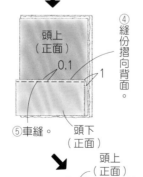

頭上（正面）
0.1
④縫份摺向背面。
1
⑤車縫。
頭下（正面）

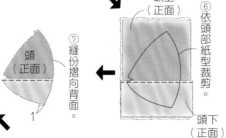

頭上（正面）
頭（正面）
⑥依頭部紙型裁剪。
⑦縫份摺向背面。
1
頭下（正面）

裁布圖

※ ☐處需於背面依序燙貼：接著鋪棉（厚）→接著襯（僅表部件）。
※ ☐處需於背面依序燙貼：接著鋪棉（薄）→接著襯（僅表部件）。
※頭上、頭下、耳絆、標牌無原寸紙型，請依標示尺寸（已含縫份）直接裁剪。
※裡部件皆將紙型翻面使用。

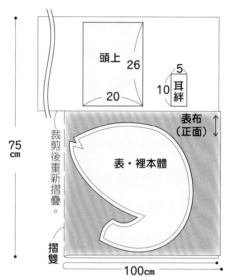

頭上 26
20
5
耳絆
10
表布（正面）
表・裡本體
75cm
裁剪後重新摺疊。
摺雙
100cm

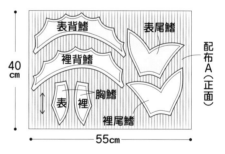

表背鰭
裡背鰭
表尾鰭
胸鰭
表
裡
裡尾鰭
40cm
配布A（正面）
55cm

配布B（正面）
10
頭下
20
腹部
25cm
25cm

配布C（正面）
大
大
大
表・裡鱗片
小
小
30cm
摺雙
70cm

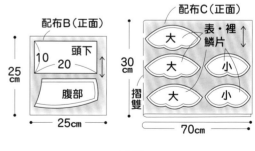

表・裡注連繩飾上
配布D（正面）
30cm
摺雙
表・裡注連繩飾下
50cm

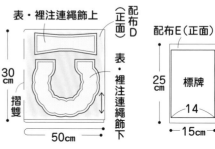

配布E（正面）
標牌
14
25cm
21
15cm

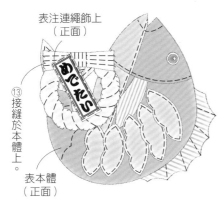

表注連繩飾上（正面）

⑬接縫於本體上。

表本體（正面）

6. 接縫耳絆

耳絆（正面）

耳絆（正面）

③對摺車縫。

④

0.7

①摺往中央接合，車縫固定。

②摺疊上下端。

1

0.5

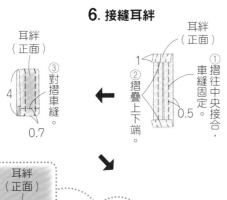

耳絆（正面）

2

④將耳絆接縫於裡本體。

2

裡本體（正面）

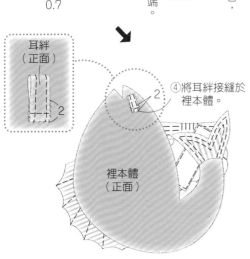

---

④翻到正面，機縫刺繡。

表注連繩飾上（正面）

⑤返口縫份內摺1cm。

表注連繩飾下（正面）

⑥從返口插入。

注連繩飾上（正面）

⑦藏針縫。

注連繩飾下（正面）

⑧以布用顏料繪製。

めでたい

標牌（背面）

1

標牌（正面）

めでたい

標牌（背面）

⑨摺疊。

表注連繩飾上（正面）

0.2

めでたい

⑩對摺

⑪車縫。

標牌（正面）

めでたい

表注連繩飾下（正面）

⑫疊在注連繩飾上，進行藏針縫。

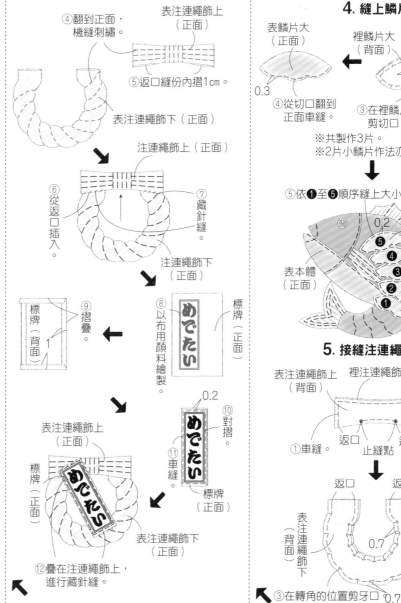

---

4. 縫上鱗片

表鱗片大（正面）

裡鱗片大（背面）

表鱗片大（正面）

①車縫。

6

0.7

②在縫份剪牙口。

③在裡鱗片剪切口。

表鱗片大（正面）

0.3

④從切口翻到正面車縫。

※共製作3片。
※2片小鱗片作法亦同。

⑤依❶至❺順序縫上大小鱗片。

0.2

❺❹❸❷❶

表本體（正面）

表鱗片大（正面）

表鱗片小（正面）

5. 接縫注連繩飾

表注連繩飾上（背面）

裡注連繩飾上（正面）

0.7

①車縫。

返口　止縫點　返口

返口　返口

表注連繩飾下（背面）

0.7

裡注連繩飾下（正面）

②車縫。

③在轉角的位置剪牙口。　0.7

完成尺寸	材料
寬20×高20cm	表布（平織布）30cm×30cm
	接著襯（中厚）30cm×30cm
原寸紙型	石英鐘材料包B 1組
無	

P.50_ No.39

布面無框畫時鐘

掃QR Code 看作法影片！
https://youtu.be/xUEoA_XCVFc

材料包內容

---

⑤以膠水黏上數字。

①將布裁成27cm×27cm，在背面燙貼接著襯。

②將布以雙面膠帶貼在時鐘面板上。

④依序裝上時針→分針→秒針。

③從時鐘面板中心將布戳洞後，依機芯→時鐘面板→墊圈的順序組裝，再以鎖緊用工具將墊圈鎖緊。

①時鐘面板
②機芯
③墊圈
④掛勾
⑤橡膠墊圈
⑥鎖緊用工具
⑦時針・分針・秒針（黑色・白色3種）
⑧塑膠數字
⑨膠水
⑩砂紙
3號電池

福氣掛飾

完成尺寸
各寬7×高9cm

原寸紙型
P.85

材料
表布A（棉布）30cm×15cm／表布B（棉布）25cm×15cm
表布C至E（棉布）各20cm×15cm
配布A（棉布）20cm×15cm／配布B（棉布）15cm×10cm
配布C（棉布）20cm×5cm／接著鋪棉、厚紙 各40cm×45cm
圓繩 直徑0.3cm 175cm／釦子 20mm 7顆
25號繡線（白色、深粉紅、黑色、芥末色）／花朵配飾 3個

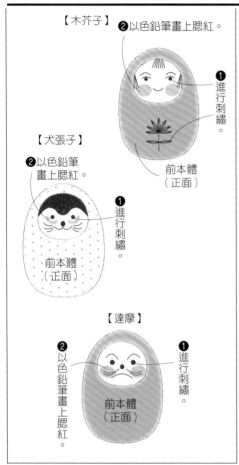

【木芥子】
②以色鉛筆畫上腮紅。
❶進行刺繡。
前本體（正面）

【犬張子】
②以色鉛筆畫上腮紅。
❶進行刺繡。
前本體（正面）

【達摩】
②以色鉛筆畫上腮紅。
❶進行刺繡。
前本體（正面）

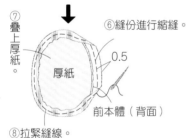

⑦疊上厚紙。
⑥縫份進行縮縫。
厚紙
0.5
前本體（背面）
⑧拉緊縫線。
※後本體也依④、⑥至⑧製作。

3. 完成

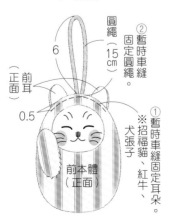

圓繩
②暫時車縫固定圓繩。
（15cm）
6
正面前耳
0.5
正面
※暫時車縫固定耳朵。招福貓、紅牛、犬張子
①暫時車縫固定耳朵。
前本體（正面）

<招福貓・手>
招福貓・手（正面）
招福貓・手（正面）
①車縫。
招福貓・手（背面）
3cm返口
②翻到正面，縫合返口。

<紅牛・裝飾>
紅牛・裝飾（正面）
紅牛・裝飾（背面）
0.5
②拉緊縫線。
①摺疊縫份，進行縮縫。

2. 製作本體

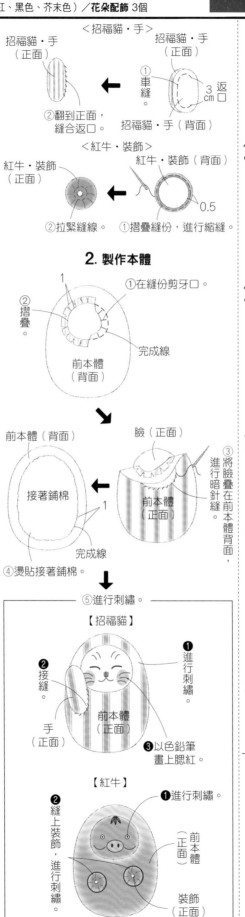

①在縫份剪牙口。
②摺疊
1
前本體（背面）
完成線

前本體（背面）
接著鋪棉
1
完成線
臉（正面）
③將臉疊在前本體背面，進行暗針縫。
前本體（正面）
④燙貼接著鋪棉。

⑤進行刺繡。

【招福貓】
❷接縫。
❶進行刺繡。
手（正面）
前本體（正面）
❸以色鉛筆畫上腮紅。

【紅牛】
❷縫上裝飾，進行刺繡。
❶進行刺繡。
前本體（正面）
裝飾（正面）

裁布圖

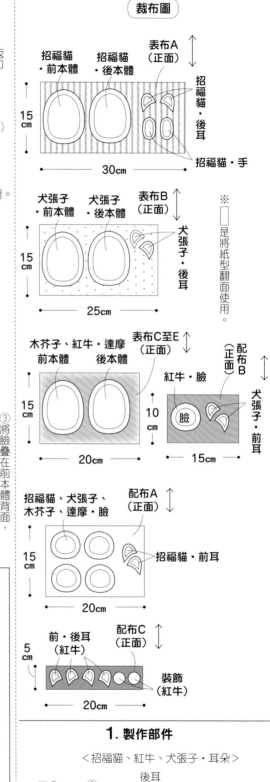

招福貓・前本體
招福貓・後本體
表布A（正面）
招福貓・後耳
招福貓・手
15cm
30cm

犬張子・前本體
犬張子・後本體
表布B（正面）
犬張子・後耳
15cm
25cm
※□是將紙型翻面使用。

木芥子、紅牛・達摩前本體 後本體
表布C至E（正面）
紅牛・臉
配布B（正面）
犬張子・前耳
15cm
10cm
20cm
15cm

招福貓、犬張子、木芥子、達摩・臉
配布A（正面）
招福貓・前耳
15cm
20cm

前・後耳（紅牛）
配布C（正面）
裝飾（紅牛）
5cm
20cm

1. 製作部件

<招福貓、紅牛、犬張子・耳朵>

耳朵（正面）
後耳（正面）
前耳（背面）
③翻到正面
①車縫。
返口
②剪牙口。

※另一隻耳朵作法亦同。

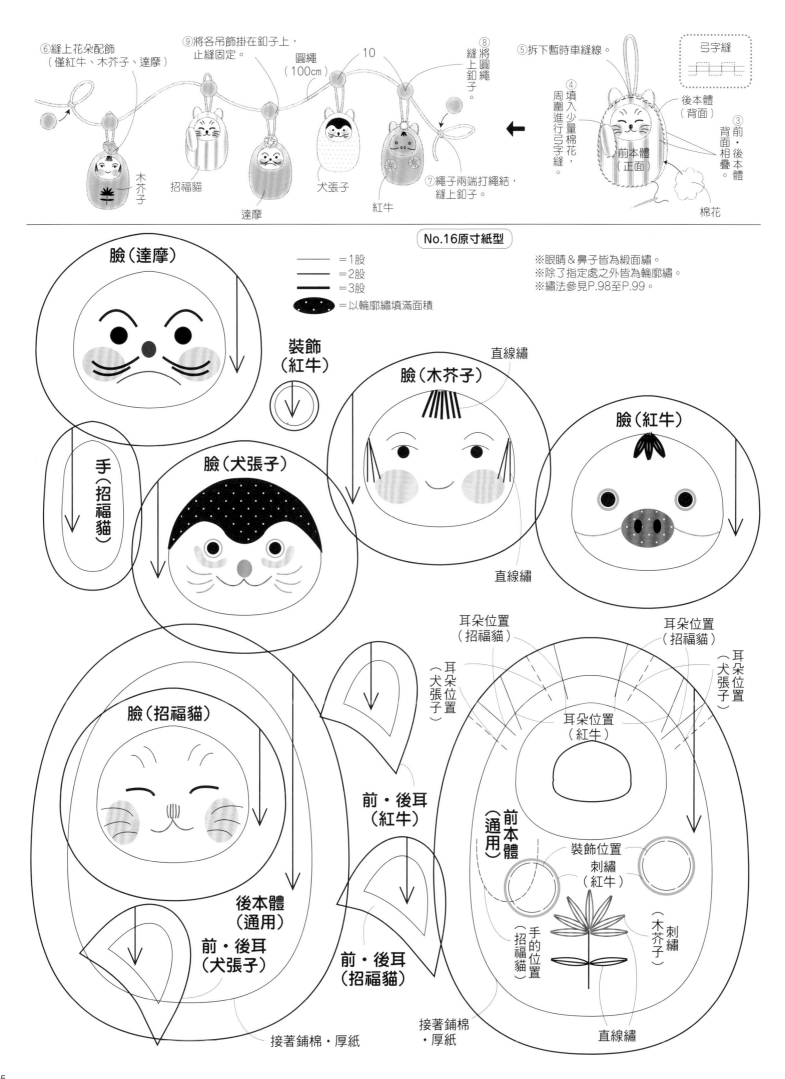

⑥縫上花朵配飾
（僅紅牛、木芥子、達摩）

⑨將各吊飾掛在釦子上，
止縫固定。

圓繩
（100cm）

10

⑧將圓繩
縫上釦子。

⑤拆下暫時車縫線。

弓字縫

④填入少量棉花，
周圍進行弓字縫。

後本體
（背面）

③前·後本體
背面相疊。

前本體
（正面）

⑦繩子兩端打繩結，
縫上釦子。

棉花

木芥子

招福貓

達摩

犬張子

紅牛

No.16原寸紙型

──── ＝1股
───── ＝2股
━━━━━ ＝3股
⬤ ＝以輪廓繡填滿面積

※眼睛＆鼻子皆為緞面繡。
※除了指定處之外皆為輪廓繡。
※繡法參見P.98至P.99。

臉（達摩）

裝飾
（紅牛）

臉（木芥子）

直線繡

臉（紅牛）

手（招福貓）

臉（犬張子）

直線繡

臉（招福貓）

耳朵位置
（招福貓）

耳朵位置
（招福貓）

耳朵位置
（犬張子）

耳朵位置
（犬張子）

耳朵位置
（紅牛）

前·後耳
（紅牛）

後本體
（通用）

前·後耳
（犬張子）

前·後耳
（招福貓）

前本體
（通用）

裝飾位置
刺繡
（紅牛）

手的位置
（招福貓）

刺繡
（木芥子）

接著鋪棉·厚紙

接著鋪棉
·厚紙

直線繡

85

完成尺寸	材料（1個用量・■…No.17・ …No.18・■…通用）	P.18_ No.**17**	
寬5×高8.5cm	**表布**（10目/1cm的Count Linen）	平安符（梅花・蜻蜓）	
寬11.4×高8.8cm	10cm×20cm・35cm×15cm	P.18_ No.**18**	
原寸紙型	**紐繩** 粗0.1cm 65cm	平安符（小鳥）	
A面（僅No.18）	**小巾繡線**（深綠・粉紅・淺粉紅）（淺粉紅・淡綠）		
	接著襯（薄）10cm×20cm・35cm×15cm		

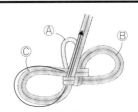

⑥繩端穿過中間的繩結。

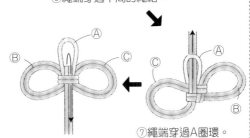

⑦繩端穿過A圈環。

⑧翻到背面，將繩端穿過橫向兩條紐繩，整理形狀。

4. 縫上繩結裝飾

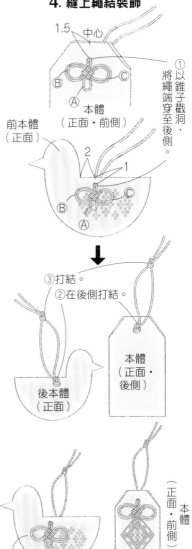

①以錐子戳洞，將繩端穿至後側。

②在後側打結。

③打結。

---

⑤縫份摺疊1cm，以接著劑黏貼。

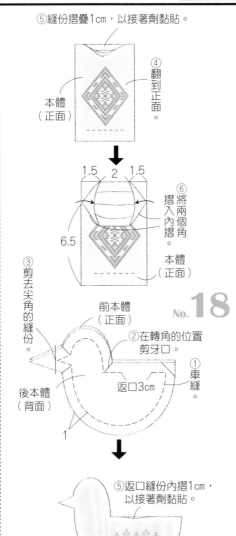

④翻到正面。

⑥將兩個摺角摺入內摺。

③剪去尖角的縫份。

No.**18**

①車縫。

②在轉角的位置剪牙口。

返口3cm

前本體（正面）

後本體（背面）

⑤返口縫份內摺1cm，以接著劑黏貼。

④翻到正面。

前本體（正面）

3. 製作繩結裝飾

①將紐繩（30cm）對摺。

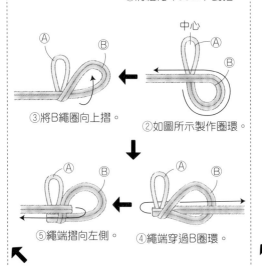

②如圖所示製作圈環。

③將B繩圈向上摺。

④繩端穿過B圈環。

⑤繩端摺向左側。

裁布圖

※本體（No.17）無原寸紙型，請依標示尺寸（已含縫份）直接裁剪。

※先完成小巾刺繡再裁布。

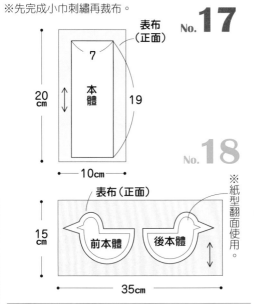

表布（正面）　No.**17**

20cm　10cm　7　19　本體

No.**18**

表布（正面）

15cm　35cm

前本體　後本體

※紙型翻面使用。

1. 進行小巾刺繡

※刺繡圖參見P.87。

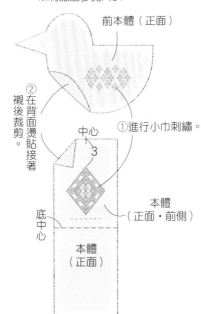

前本體（正面）

①進行小巾刺繡。

②在背面燙貼接著襯後裁剪。

中心　3　底中心

本體（正面・前側）

本體（正面）

2. 製作本體　No.**17**

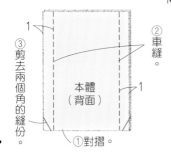

①對摺。

②車縫。

③剪去兩個角的縫份。

本體（背面）

86

小巾刺繡繡法

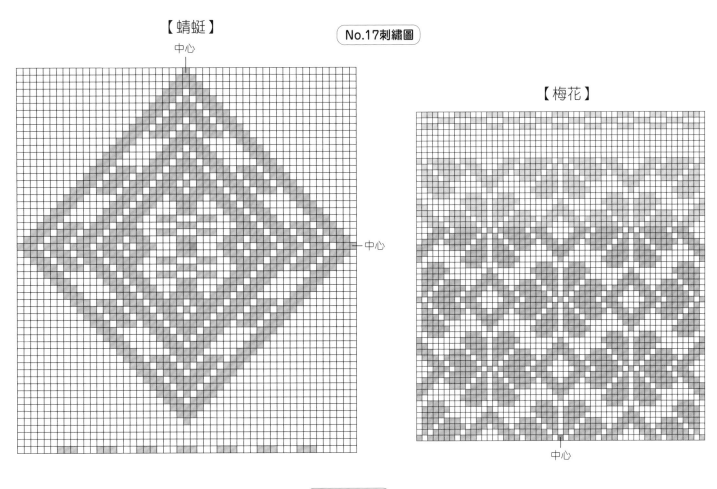

緯線　　　　經線

※將刺繡圖的1目視作布料的1條織線。
　根據目數，一邊數經線，
　一邊將繡線橫穿布料刺繡。

【蜻蜓】

中心

No.17刺繡圖

【梅花】

中心

中心

中心

No.18刺繡圖

中心

中心

完成尺寸	材料
寬10×高15cm	**表布**（伸縮抓毛絨）60cm×15cm／**接著鋪棉** 60cm×20cm

材料
表布（伸縮抓毛絨）60cm×15cm／**接著鋪棉** 60cm×20cm
配布A・B（棉細平布）30cm×15cm 各1片
配布C・D（棉細平布）35cm×15cm 各1片／**不織布** 10cm×5cm
配布E・F（棉布）30cm×15cm 各1片
配布G・H（棉布）15cm×5cm 各1片／**配布I**（棉布）15cm×10cm
配布J・K（棉布）5cm×5cm 各1片／**圓繩A** 粗1.5mm 25cm
圓繩B 粗1mm 25cm／**圓繩C** 粗1mm 5cm／**木串珠** 直徑0.8cm 4顆
厚紙 20cm×10cm／**填充棉** 適量／**丸小玻璃珠**（紅色）5顆

原寸紙型
A面

裁布圖

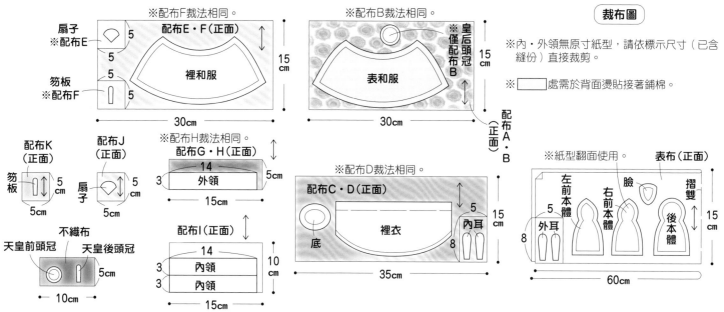

※內・外領無原寸紙型，請依標示尺寸（已含
縫份）直接裁剪。

※□□處需於背面燙貼接著鋪棉。

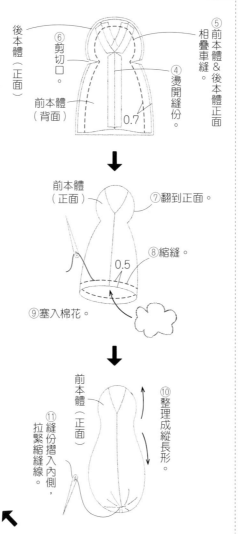

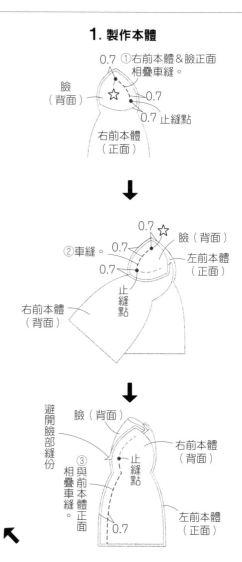

1. 製作本體

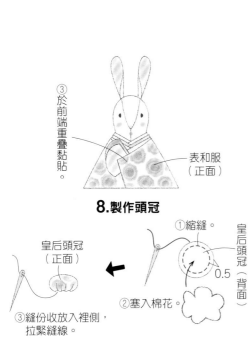

③於前端重疊黏貼。

表和服（正面）

8.製作頭冠

皇后頭冠（正面）

①縮縫。

②塞入棉花。

皇后頭冠（背面）

0.5

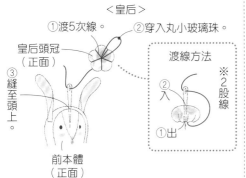

③縫份收放入裡側，拉緊縫線。

※天皇前頭冠作法亦同。

9.縫上頭冠

＜皇后＞

①渡5次線。

②穿入丸小玻璃珠。

皇后頭冠（正面）

③縫至頭上。

渡線方法

②入

①出

※2股線

前本體（正面）

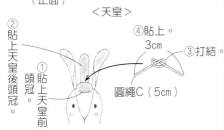

＜天皇＞

②貼上天皇後頭冠。

①貼上天皇前頭冠。

④貼上。

3cm

③打結

圓繩C（5cm）

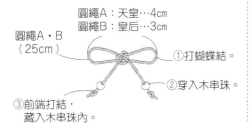

10.黏貼蝴蝶結

圓繩A：天皇…4cm
圓繩B：皇后…3cm

圓繩A・B（25cm）

①打蝴蝶結。

②穿入木串珠。

③前端打結，藏入木串珠內。

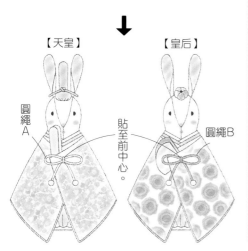

【天皇】　　【皇后】

圓繩A

圓繩B

貼至前中心。

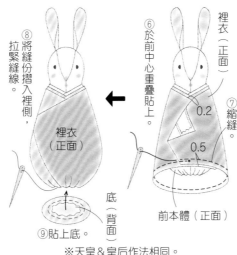

⑧將縫份摺入裡側，拉緊縫線。

裡衣（正面）

⑥於前中心重疊貼上。

0.2

0.5

⑦縮縫

底（背面）

⑨貼上底。

前本體（正面）

※天皇＆皇后作法相同。

5.製作和服

裡和服（正面）

0.7

表和服（背面）

①車縫。

返口7cm

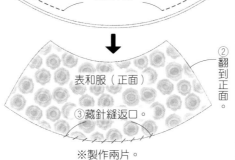

表和服（正面）

②翻到正面。

③藏針縫返口

※製作兩片。

6.製作扇子・笏板

③稍微錯開黏貼。

扇子（正面）

①以雙面膠帶黏合。

厚紙

扇子（正面）

②依紙型剪下。

5

5

※另一片作法亦同。

※笏板作法亦同。

7.穿上和服

②皇后貼上扇子，天皇貼上笏板。

①以雙面膠帶貼上和服。

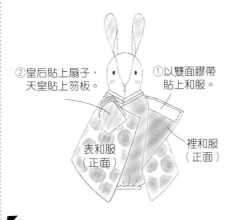

表和服（正面）

裡和服（正面）

2.裝上耳朵

配布C・D（正面）

表布（背面）

內耳（正面）

外耳（正面）

內耳

內耳

②依紙型剪下。

0.5

③對摺

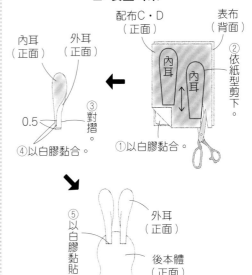

④以白膠黏合。

①以白膠黏合。

⑤以白膠黏貼

外耳（正面）

後本體（正面）

※天皇＆皇后作法相同。

3.裝上領子

②對摺，黏合。

內領（背面）

①貼上雙面膠帶。

③單側貼上雙面膠帶。

※內領＆外領各製作2片。

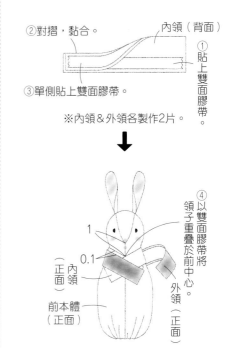

④以雙面膠帶將領子重疊於前中心。

1

0.1

內領（正面）

外領（正面）

前本體（正面）

4.穿上裡衣

②摺疊。

1.5

①以雙面膠帶黏貼。

③貼上雙面膠帶。

裡衣（背面）

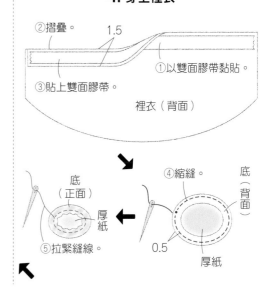

底（正面）

厚紙

⑤拉緊縫線。

④縮縫。

底（背面）

0.5

厚紙

完成尺寸	材料	
寬8×高8×側身8cm	**表布**（棉布）20cm×20cm／**配布A**（棉布）10cm×5cm	
原寸紙型	**配布B**（棉布）10cm×10cm	
A面	**亮片** 直徑4mm（白色）2片／**丸小玻璃珠**（紅色）2顆	
	珍珠串珠 直徑8mm（粉紅色）1顆	
	填充顆粒 60g／**25號繡線**（粉紅色）適量	

P.16_ No.15
十二生肖沙包（兔子）

---

⑩倒入約55g填充顆粒。

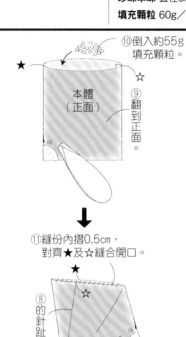

本體（正面）
★
☆
⑨翻到正面。

⑪縫份內摺0.5cm，對齊★及☆縫合開口。

★
☆
⑧的針趾
本體（正面）

⑫在帽子頂端縫上珍珠串珠。

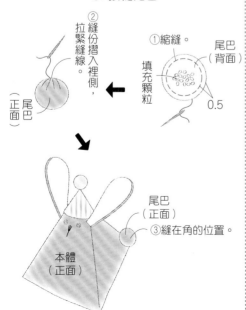

帽子（正面）
本體（正面）

3. 接縫尾巴

②縫份摺入裡側，拉緊縫線。
尾巴（正面）

①縮縫。
尾巴（背面）
填充顆粒
0.5

尾巴（正面）
③縫在角的位置。
本體（正面）

---

2. 製作本體

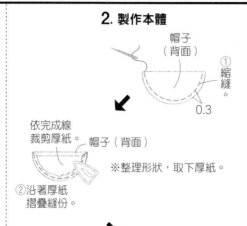

帽子（背面）
①縮縫。
0.3

依完成線裁剪厚紙。
帽子（背面）
※整理形狀，取下厚紙。
②沿著厚紙摺疊縫份。

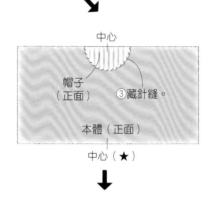

中心
帽子（正面）
③藏針縫。
本體（正面）
中心（★）

丸小玻璃珠
穿2次線
亮片

④縫上串珠＋亮片。

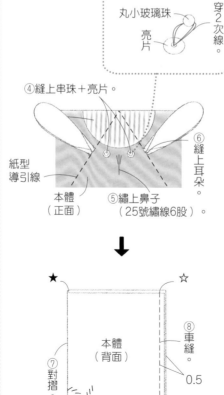

紙型導引線
⑥縫上耳朵。
本體（正面）
⑤繡上鼻子（25號繡線6股）。

★
☆
⑦對摺。
本體（背面）
⑧車縫。
0.5

裁布圖

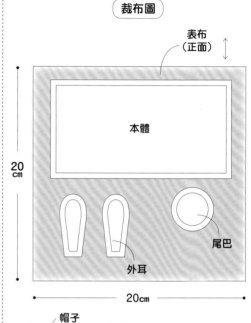

表布（正面）
本體
20cm
20cm
尾巴
外耳

帽子
配布A（正面）
5cm
10cm

內耳
配布B（正面）
10cm
10cm

1. 製作耳朵

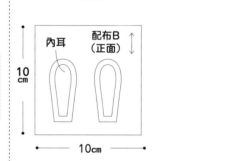

外耳（正面）
內耳（背面）
內耳（正面）
0.5
①車縫。
返口

②翻到正面。

內耳（正面）
③縫份內摺0.5cm，進行藏針縫。

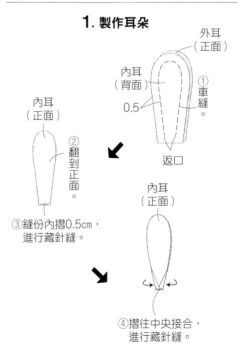

內耳（正面）
④摺往中央接合，進行藏針縫。

完成尺寸
24cm（腳尺寸）
18cm（腳尺寸）
24cm（腳尺寸）

原寸紙型
No.20 No.46 A面
No.21 B面

材料（■…No.20・ …No.21・ …46）

表布（壓棉布）90cm×35cm・80cm×30cm
　　　（棉起毛布）90cm×35cm
裡布（絨布）90cm×35cm・80cm×30cm
　　　（顆粒絨）90cm×35cm
接著襯　90cm×35cm・80cm×30cm
接著鋪棉　90cm×35cm
鬆緊帶　寬1cm 30cm・30cm・20cm

P.20_ No.20 P.60_ No.46
室內鞋（大人款）

P.20_ No.21
室內鞋（兒童款）

---

4. 對齊本體&底

①縮縫兩合印之間。

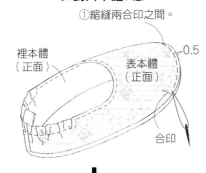

裡本體（正面）　表本體（正面）　0.5
合印

③暫時車縫固定。

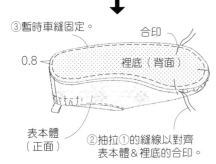

合印
0.8
裡底（背面）
表本體（正面）
②抽拉①的縫線以對齊表本體&裡底的合印。

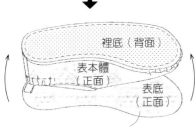

裡底（背面）
表本體（正面）
表底（正面）
④以裡底&表底包夾本體。

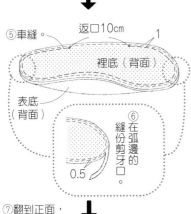

⑤車縫　返口10cm　1
裡底（背面）
表底（背面）
⑥在弧邊的縫份剪牙口。
0.5

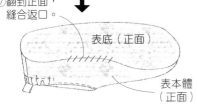

⑦翻到正面，縫合返口。
表底（正面）
表本體（正面）

※另一隻鞋作法亦同。

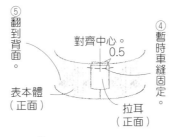

⑤翻到背面。
對齊中心。
0.5
④暫時車縫固定。
表本體（正面）
拉耳（正面）

3. 套疊表本體&裡本體

①表本體&裡本體正面相對套疊。
③在弧邊的縫份剪牙口。

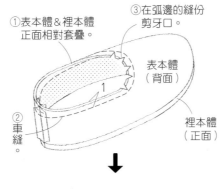

②車縫。
表本體（背面）
裡本體（正面）
1

④翻到正面。
鬆緊帶穿入口
拉耳（正面）
鬆緊帶穿入口

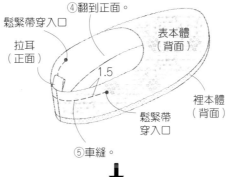

表本體（背面）
1.5
裡本體（背面）
鬆緊帶穿入口
⑤車縫。

鬆緊帶穿入口
拉耳（正面）
鬆緊帶穿入口

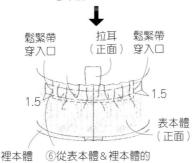

1.5　1.5
表本體（正面）
裡本體（背面）
⑥從表本體&裡本體的間隙穿入鬆緊帶。

鬆緊帶（13cm・13cm・9cm）

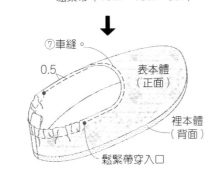

⑦車縫。
0.5
表本體（正面）
裡本體（背面）
鬆緊帶穿入口

※■…No.20・ ■…No.21・ ■…No.46・ ■…共通
※拉耳無原寸紙型，請依標示尺寸（已含縫份）直接裁剪。

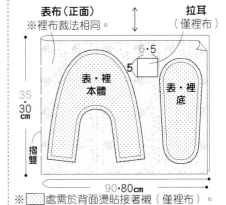

表布（正面）
※裡布裁法相同。
拉耳（僅裡布）
6・5
5
表・裡本體
表・裡底
35・30cm
摺雙
90・80cm

※▨處需於背面燙貼接著襯（僅裡布）。

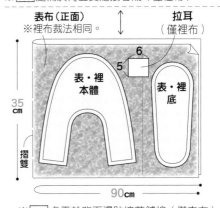

表布（正面）
※裡布裁法相同。
拉耳（僅裡布）
6
5
表・裡本體
表・裡底
35cm
摺雙
90cm

※□處需於背面燙貼接著鋪棉（僅表布）。

1. 製作拉耳

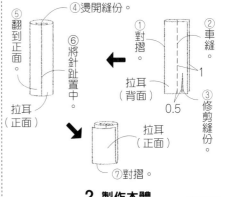

④燙開縫份。
⑤翻到正面。
①對摺。
②車縫。
拉耳（背面）
1
0.5
③修剪縫份。
⑥將針趾置中。
拉耳（正面）
⑦對摺。

2. 製作本體

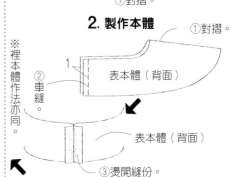

①對摺。
1
②車縫。
表本體（背面）
※裡本體作法亦同。
表本體（背面）
③燙開縫份。

完成尺寸	材料

完成尺寸
頭圍58cm

原寸紙型
C面

材料
表布（燈芯絨）75cm×65cm
裡布（棉布）60cm×35cm
接著襯（薄）70cm×40cm
接著襯（厚）85cm×35cm／定型止汗帶 寬3cm 60cm

P.21_ No.22
漁夫帽

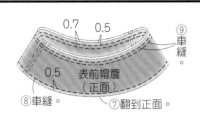

0.7　0.5
⑨車縫。
0.5
表前帽簷（正面）
⑧車縫。　⑦翻到正面。

5. 接縫帽簷

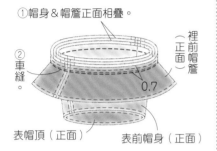

①帽身&帽簷正面相疊。
②車縫。
裡前帽簷（正面）
0.7
表帽頂（正面）
表前帽身（正面）

6. 接縫定型止汗帶

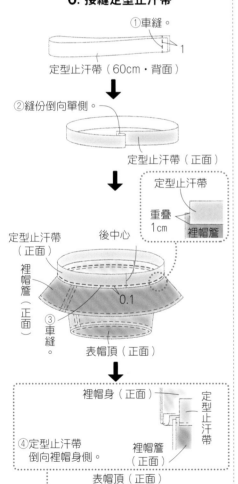

①車縫。
1
定型止汗帶（60cm·背面）

②縫份倒向單側。
定型止汗帶（正面）

定型止汗帶
重疊1cm
裡帽簷

定型止汗帶（正面）　後中心
裡帽簷（正面）
0.1
③車縫。
表帽頂（正面）

裡帽身（正面）
定型止汗帶
④定型止汗帶倒向裡帽身側。
裡帽簷（正面）
表帽頂（正面）
表帽身（正面）
⑤翻到正面。
表帽簷（正面）

3. 接縫表帽頂

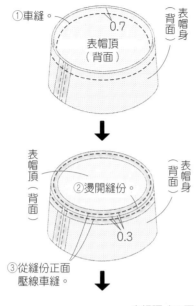

①車縫。
0.7
表帽頂（背面）
表帽身（背面）

表帽頂（背面）
②燙開縫份。
表帽身（背面）
0.3
③從縫份正面壓線車縫。

④重疊兩片縫份車縫。
表帽頂（正面）
表帽身（正面）
0.5
⑤車縫。

4. 製作帽簷

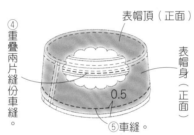

表後帽簷（背面）
①車縫。
1
②燙開縫份。
0.7
③從縫份正面壓線車縫。
表前帽簷（背面）

※裡帽簷作法亦同。

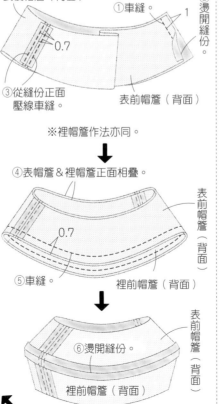

④表帽簷&裡帽簷正面相疊。
表前帽簷（背面）
0.7
⑤車縫。
裡前帽簷（背面）

表前帽簷（背面）
⑥燙開縫份。
裡前帽簷（背面）

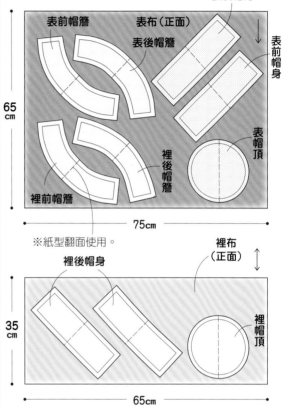

表前帽簷　表布（正面）　表後帽身
表後帽簷
表前帽身
65cm
表帽頂
裡後帽簷
裡前帽簷
75cm

※紙型翻面使用。

裡布（正面）
裡後帽身
裡帽頂
35cm
裡帽頂
65cm

1. 製作裡帽身·帽頂

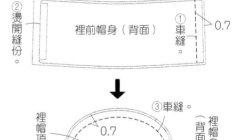

裡後帽身（正面）
②燙開縫份。
裡前帽身（背面）
①車縫。
0.7

③車縫。
裡帽頂（背面）
0.7
④燙開縫份。
裡帽身（背面）

2. 縫合表帽身

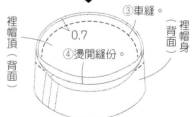

表前帽身（背面）
③從縫份正面壓線車縫，依圖示摺疊縫份，車縫。
0.3
①車縫。
0.7
②燙開縫份。
表後帽身（背面）

材料	P.21
B布（棉布）4cm×4cm・10cm×5cm	P.21_ No.**24**
C布（棉布）10cm×5cm・6cm×8cm	鬱金香胸針
D布（棉布）8cm×5cm・8cm×5cm	
E布（棉布）8cm×5cm・8cm×5cm	
F布（棉布）6cm×8cm	
鋪棉 10cm×10cm／胸針托 2.5cm 1個	

下載方法
參見P.68至P.69
https://cfpshop.stores.jp
原寸紙型

⑥將莖手縫固定於止縫點。

（正面）前花
0.2
表莖（正面）

⑦縫上胸針托。
1.8cm
後花（正面）

2.製作花朵 No.**24**

②背面相疊，手縫固定。
花A（背面） 花B（正面）
0.2
止縫點　鋪棉
③從兩止縫點之間塞入鋪棉。

花瓣（正面） 花B（背面）
0.2
①以白膠暫時固定再手縫。

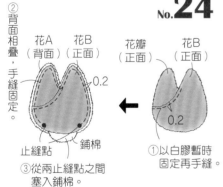

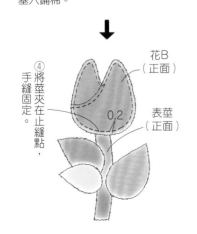

④將莖夾在止縫點，手縫固定。
花B（正面）
0.2
表莖（正面）

⑤藏針縫返口。
前大葉（正面）

※中葉、小葉作法亦同。

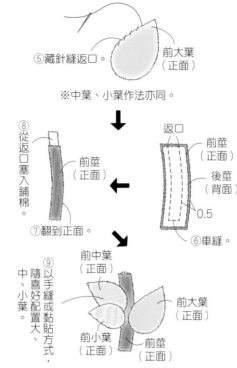

⑧從返口塞入鋪棉。
⑦翻到正面。
前莖（正面）
返口
前莖（正面）
後莖（背面）
0.5
⑥車縫。

⑨以手縫或黏貼方式，隨喜好配置大、中、小葉。
前中葉（正面）
前大葉（正面）
前小葉（正面）
前莖（正面）

2.製作花朵 No.**23**

花蕊（正面）
②拉緊縫線，整理形狀。

花蕊（背面）
0.2
①鋪棉放置中央，進行縮縫。

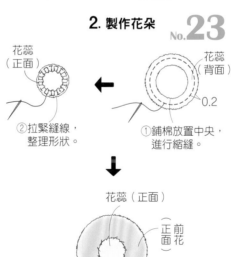

花蕊（正面）
（正面）前花
③藏針縫。

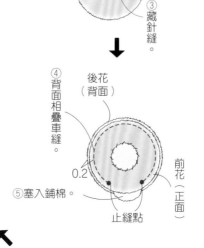

④背面相疊車縫。
後花（背面）
0.2
前花（正面）
⑤塞入鋪棉。
止縫點

裁布圖
※後部件皆以翻面的紙型描圖後裁剪。

No.**23**

B布 花蕊（正面）
4cm
4cm

A布（正面）
5
前花（正面） 後花
10cm

前大葉　後大葉
C布（正面）
5cm
10cm

後中葉　前中葉
正面 D布
5cm
8cm

F布（正面）
前莖　後莖

前小葉　後小葉
正面 E布
5cm
8cm
8cm
6cm

※後部件皆以翻面的紙型描圖後裁剪。

No.**24**

花瓣
A布（正面）
8cm
花B　花A
10cm

前大葉　後大葉
B布（正面）
5cm
10cm

前莖　後莖
正面 C布
8cm
6cm

前小葉　後小葉
E布（正面）
5cm
8cm

前中葉　後中葉
D布（正面）
5cm
8cm

1.製作葉&莖

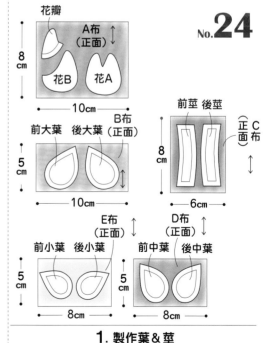

③從返口塞入鋪棉。
前大葉（正面）
前大葉（正面）
後大葉（背面）
返口
0.5
①車縫。

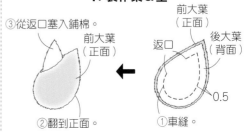

②翻到正面。

完成尺寸
寬約20×高約27cm

原寸紙型

下載方法
參見P.68至P.69

https://cfpshop.stores.jp

材料
表布（亞麻布）45cm×30cm
配布（歐根紗）25cm×25cm
線（參見P.31）各適量
填充棉 適量／#30 鐵絲（白色）20cm
小樹枝 長度隨喜好 2根

P.30_ No.**29**
織補繡兔子掛飾

基本的織補繡繡法

先繡出十字，再將圖案填滿的方法。

1.繡出基準的十字

工具

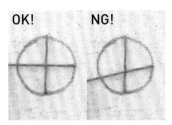

OK! **NG!**

橫線與縱線在中心交叉，是繡出漂亮
十字的訣竅。

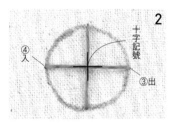

2

刺繡橫線，呈十字形。

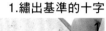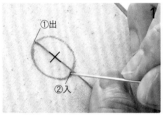

1

線端打起縫結。從圖案的十字記號正
上方出針，正下方入針。

工具
①線剪 ②皮革用針 ③繡框 ④刺繡布
（麻布・歐根紗等）

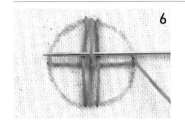

6

刺繡第2條橫線。依上→下→上，交
錯地穿縫過縱線。

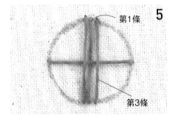

5

刺繡第3條縱線。依步驟3在第1條的
右側刺繡。

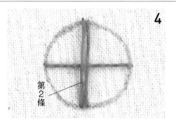

4

繡好第2條縱線。

3

刺繡第2條縱線。與相鄰縱線間隔約1
條線寬度。這樣的線距，可讓針目在
完成後看來漂亮工整。

2. 填滿圖案

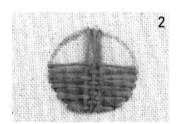

2

與相鄰橫線上下交替的繡完下半部的
橫線。

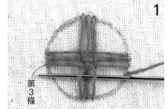

1

完成基準的十字後，接著要將圖案填
滿。與第3條橫線相反，這次改以下
→上→下的次序穿縫過縱線。依此類
推地刺繡橫線。

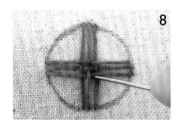

8

以針尖整理歪掉的線，調整成交叉的
十字狀。

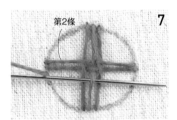

7

刺繡第3條橫線。同步驟6次序：上→
下→上，交錯地穿縫過縱線。

完成

（背面）

刺繡完畢，於背面打止縫結，將線剪
斷。

（正面） **5**

圖案全部填滿，完成。

4

剩餘的上半部繡法相同。如果線無法
一次橫向跨過縱線，分成兩次會更好
作業。

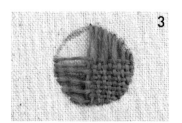

3

依步驟2作法改繡右側的縱線。左側
的縱線繡法亦同。

斯麥納繡繡法

剪開繞成線圈的繡線，表現毛絨絨的模樣。

1.進行斯麥納繡

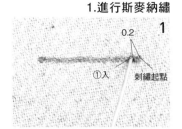

4

按住要作成線圈的繡線，向左0.4cm處入針（⑤入）。

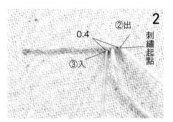

3

從步驟1的①入同一位置出針（④出）。

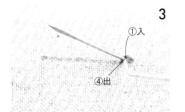

2

在刺繡起點出針（②出），向左0.4cm處入針（③入）。

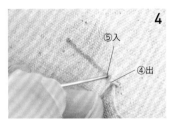

1

在距刺繡起點向左0.2cm處入針（①入）。

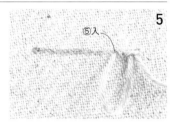

8

完成斯麥納繡。

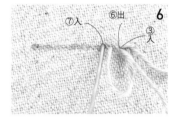

7

拉線。重複步驟3至7，繼續刺繡。

6

從步驟2的③入同一位置出針（⑥出），向左0.4cm處入針（⑦入）。

5

留下線圈，拉線。

2.撥開繡線

4

反覆2至3次，整理形狀，完成！

3

繡線撥鬆至一定程度，再進行修剪。

2

以手指將繡線撥開抽鬚。

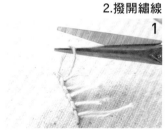

1

剪開線圈。

雙面刺繡時的繡法（以歐根紗為例）

以1片布製作時，在表裡兩面進行織補繡。

1.刺繡背面

3

（背面）

雙面刺繡完成。

2

（背面）

橫向也依步驟1至2刺繡。與＜基本的織補繡繡法＞一樣，交錯地穿過縱線刺繡。

3

（正面）

從正面看可看到細小的針目。

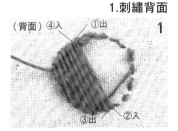

1

（背面）④入 ①出

正面繡完改繡背面。為了不讓針目露出正面，入針後立即從緊鄰的針目出針（①出→②入→③出→④入）。

2.進行捲針縫

花A、花B及胡蘿蔔為雙面刺繡。

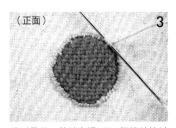

3

（正面）

繡到最後，將針穿過3至4個捲針縫針目，剪斷線。

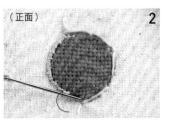

2

（正面）

再以步驟1的繡線為芯，進行捲針縫。

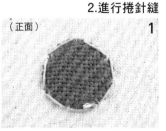

1

（正面）

先以平針繡將周圍包起來。

4. 製作花A・花B・胡蘿蔔

①參見P.94至P.95，在配布進行花A、花B、葉子及胡蘿蔔的織補繡（雙面）。

②在織補繡上進行刺繡。

③沿著刺繡圖案剪下。

花A（正面）

※花B、葉子及胡蘿蔔作法亦同。

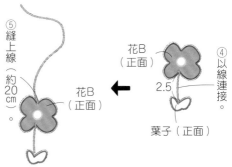

⑤縫上線（約20cm）

花B（正面）

花B（正面）

2.5

④以線連接。

葉子（正面）

※花A及胡蘿蔔作法亦同。

5. 組裝吊飾

④在可平衡吊掛的位置綁上線，以接著劑固定。

③製作線圈。

②平衡地綁上線，以接著劑固定。

4

20

小樹枝

7

胡蘿蔔

12

11

①綁上線，以接著劑固定。

小樹枝

6

9

兔子

花A

花B

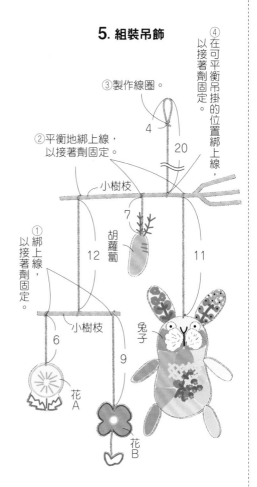

---

⑦依①、③作法各製作4片手及腳。

腳（正面）　　手（正面）

⑧背面相疊，捲針縫周圍。
※各製作2個。

2. 製作兔子本體

①參見P.94在表布進行前・後本體的織補繡。

②參見P.95進行斯麥納繡。

③在前本體的織補繡上面隨喜好刺繡。

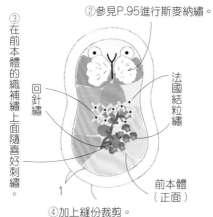

法國結粒繡

回針繡

前本體（正面）

1

④加上縫份裁剪。
※後本體作法亦同。

3. 製作兔子

前左耳（正面）

前右耳（正面）

①縫份摺向背面，前後本體背面相疊。

③插入左右兩隻耳朵，繼續以捲針縫固定。

②捲針縫。

後本體（背面）

前本體（正面）

④塞入棉花。

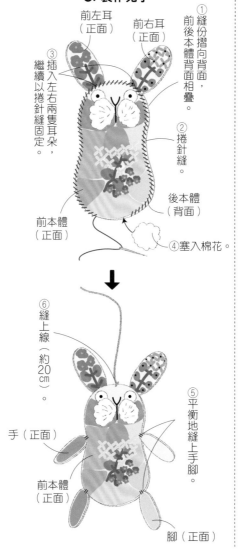

⑥縫上線（約20cm）。

手（正面）

前本體（正面）

腳（正面）

⑤平衡地縫上手腳。

---

1. 製作兔子的耳朵・手・腳

①參見P.94在表布進行前・後右耳及前・後左耳的織補繡。

②在織補繡上面進行刺繡。

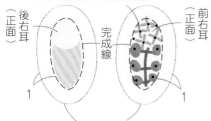

後右耳（正面）

前右耳（正面）

完成線

1　　　1

③加上縫份裁剪。

※前・後左耳作法亦同。

↓

前右耳（背面）

完成線

重疊鐵絲兩端

鐵絲

④在背面沿著完成線裝上鐵絲。

↓

後右耳（正面）

前右耳（正面）

1

⑤背面相疊，進行捲針縫。

底下留1cm不縫。

↓

前右耳（正面）

後右耳（背面）

⑥底下留1cm不縫。

1

後左耳（正面）

前左耳（正面）

※依④至⑥製作左耳。

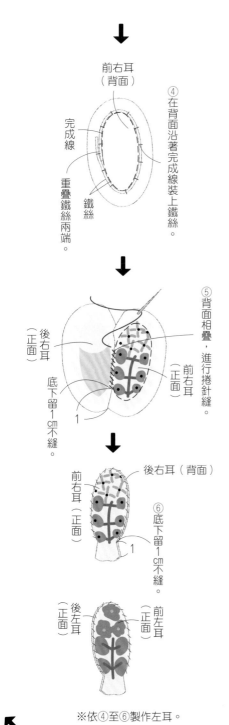

完成尺寸	材料	
寬11.5×高24cm （女士free size）	**表布**（羊毛布）80cm×25cm **裡布**（顆粒絨）55cm×25cm	**P.22_** No.**26**
原寸紙型 **C面**	**配布**（羅紋針織）40cm×15cm	**露指手套**

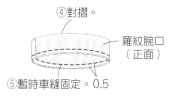

④對摺。

羅紋腕口（正面）

⑤暫時車縫固定。0.5

↓

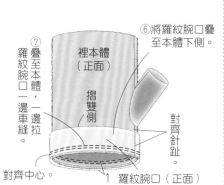

⑦疊至本體，羅紋腕口一邊拉一邊車縫。

裡本體（正面）

摺雙側

⑥將羅紋腕口疊至本體下側。

對齊針趾。

對齊中心。

1 羅紋腕口（正面）

↓

裡本體（正面）

羅紋腕口（正面）

⑧Z字車縫。

↓

表本體（正面）

⑨拉出大拇指，翻到正面。

※以**1**至**4**相同作法，製作另一隻手套。

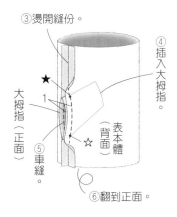

③燙開縫份。

大拇指（正面）

★

1

⑤車縫。

☆

④插入大拇指。

表本體（背面）

⑥翻到正面。

3. 疊合表本體&裡本體

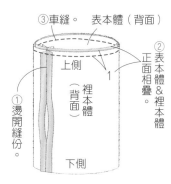

③車縫。 表本體（背面）

①燙開縫份。

上側

1

裡本體（背面）

②表本體&裡本體正面相疊。

下側

↓

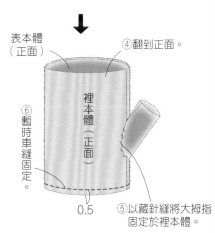

表本體（正面）

④翻到正面。

裡本體（正面）

⑥暫時車縫固定。

0.5

⑤以藏針縫將大拇指固定於裡本體。

4. 接縫羅紋腕口

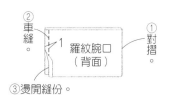

②車縫。

1 羅紋腕口（背面）

①對摺。

③燙開縫份。

裁布圖

※除了大拇指之外皆無原寸紙型，請依標示尺寸（已含縫份）直接裁剪。

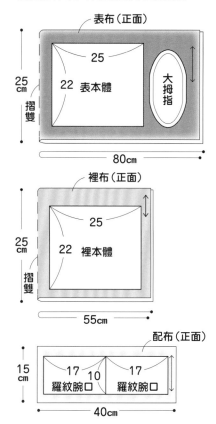

表布（正面）

25

22 表本體

大拇指

25cm 摺雙

80cm

裡布（正面）

25

22 裡本體

25cm 摺雙

55cm

配布（正面）

17 | 10 | 17
羅紋腕口 | | 羅紋腕口

15cm

40cm

---

1. 製作大拇指

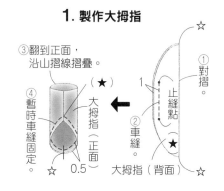

③翻到正面，沿山摺線摺疊。

（★）

④暫時車縫固定。

大拇指（正面）

☆ 0.5

☆

①對摺。

1

止縫點

②車縫。

★

大拇指（背面）

☆

2. 製作本體

②預留大拇指接縫位置車縫。

1

上側

9 大拇指接縫位置

表本體（背面）

8cm

下側

①對摺。

※裡本體作法亦同。

完成尺寸	材料	
寬10×高11.5cm	表布（13目/1cm的Count Linen）15cm×25cm	P.39_ No.**32**
	配布（平織布）40cm×15cm	**兔子迷你束口袋**
原寸紙型	緞帶 寬5mm 60cm	
無	DMC25號繡線 適量	

刺繡圖案

※若手邊無相同色號的繡線，也可參考圖片使用喜歡的顏色刺繡。

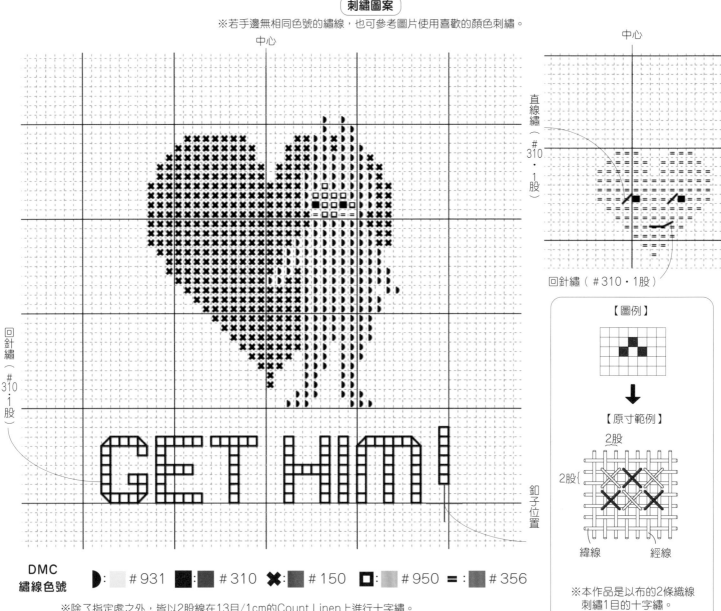

中心

直線繡（#310・1股）

回針繡（#310・1股）

【圖例】

↓

【原寸範例】

2股

2股{

緯線　經線

※本作品是以布的2條織線刺繡1目的十字繡。

回針繡（#310・1股）

中心

釦子位置

DMC 繡線色號　◗ :　#931　■ :　#310　✕ :　#150　▯ :　#950　= :　#356

※除了指定處之外，皆以2股線在13目/1cm的Count Linen上進行十字繡。
※十字繡是數布料的織線進行刺繡。
※使用圓針尖的十字繡專用針。
※使用棉、麻等經線與緯線等間距織成的布料。13目/1cm意指1cm寬有13目經線與緯線的布料。
　依目數變化，刺繡圖案大小也會隨之改變。

使用的繡法

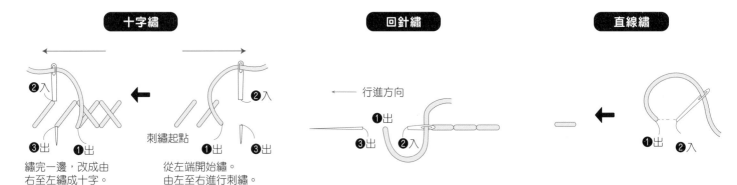

十字繡

❷入　❷入
❸出　❶出

繡完一邊，改成由
右至左繡成十字。

回針繡

刺繡起點
❶出　❸出

從左端開始繡。
由左至右進行刺繡。

← 行進方向

❶出
❸出　❷入

直線繡

❶出　❷入

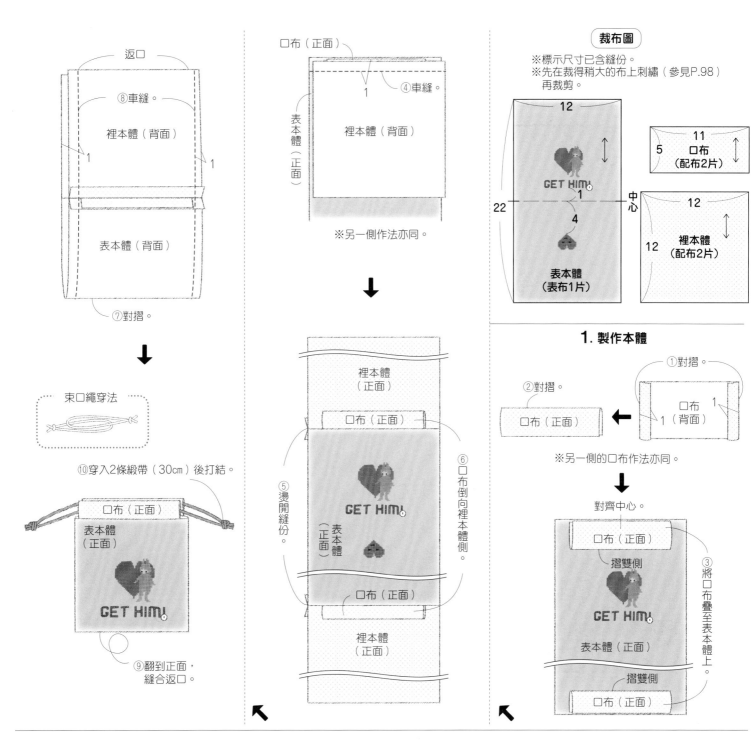

返口

⑧車縫。

裡本體（背面）

1　　　1

表本體（背面）

⑦對摺。

束口繩穿法

⑩穿入2條緞帶（30cm）後打結。

口布（正面）

表本體（正面）

GET HIM!

⑨翻到正面，縫合返口。

口布（正面）

1　④車縫。

裡本體（背面）

表本體（正面）

※另一側作法亦同。

裡本體（正面）

口布（正面）

⑤燙開縫份。

GET HIM!

表本體（正面）

口布（正面）

裡本體（正面）

⑥口布倒向裡本體側。

※先在裁得稍大的布上刺繡（參見P.98）再裁剪。

裁布圖

※標示尺寸已含縫份。

12

GET HIM!

1

4

22

表本體（表布1片）

中心

11

5　口布（配布2片）

12

12　裡本體（配布2片）

1. 製作本體

①對摺。

②對摺。

口布（正面）

1　口布（背面）　1

※另一側的口布作法亦同。

對齊中心。

口布（正面）

摺雙側

GET HIM!

表本體（正面）

摺雙側

口布（正面）

③將口布疊至表本體上。

P.36_ No.**31** 金合歡手帕

原寸刺繡圖案

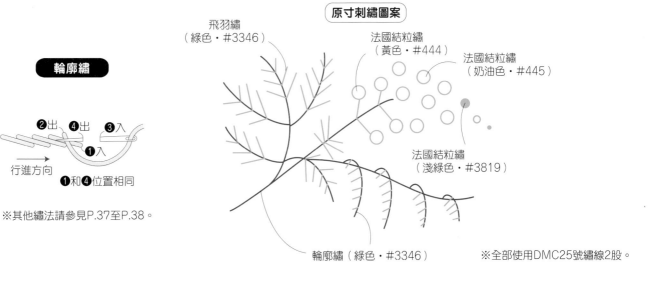

飛羽繡（綠色・#3346）

法國結粒繡（黃色・#444）

法國結粒繡（奶油色・#445）

法國結粒繡（淺綠色・#3819）

輪廓繡

❷出　❹出　❸入

❶入

行進方向

❶和❹位置相同

※其他繡法請參見P.37至P.38。

輪廓繡（綠色・#3346）

※全部使用DMC25號繡線2股。

完成尺寸	材料
寬24×高15×側身12cm	表布（棉斜紋布）110cm×30cm
原寸紙型	裡布（棉布）150cm×20cm／接著襯（軟）92cm×35cm
B面	鋁框口金（方型）24cm 1組
	皮革提把 寬1cm 28cm 1組／底板 30cm×15cm

※除了表・裡本體之外皆無原寸紙型，
　請依標示尺寸（已含縫份）直接裁剪。
※ ▨▨▨ 處需於背面燙貼接著襯。

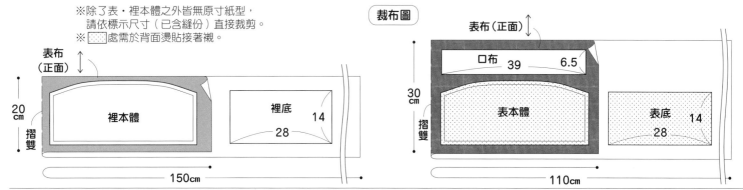

表布（正面）

裁布圖

口布 39　6.5
表本體
表底 14
28

30cm
摺雙
110cm

表布（正面）
裡本體
裡底 14
28
20cm
摺雙
150cm

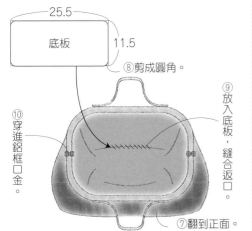

25.5
底板 11.5

⑧剪成圓角。
⑨放入底板，縫合返口。
⑩穿進鋁框口金。
⑦翻到正面。

鋁框口金安裝方式

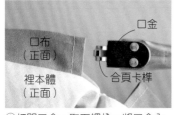

口金
口布（正面）
裡本體（正面）
合頁卡榫

①打開口金，取下螺栓。將口金內側朝向裡本體，由較窄的合頁卡榫端穿進口布。

裡本體（正面）
長螺栓
合頁卡榫

②對齊口金合頁卡榫，從外側插入長螺栓。

裡本體（正面）
短螺栓

③從內側插入短螺栓，鎖緊固定。口金另一側也依相同作法鎖緊固定。

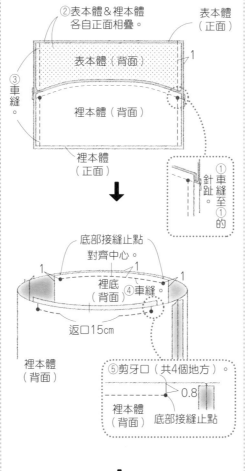

②表本體&裡本體各自正面相疊。
表本體（正面）
表本體（背面）
1
③車縫
裡本體（背面）
裡本體（正面）

①針趾。車縫至①的

底部接縫止點對齊中心。
1　1
裡底（背面）
④車縫。
返口15cm
裡本體（背面）

⑤剪牙口（共4個地方）。
0.8
裡本體（背面）
底部接縫止點

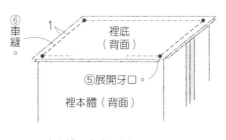

⑥車縫
1
裡底（背面）
⑤展開牙口。
裡本體（背面）

※表本體&表底不留返口，其他依④至⑥製作。

掃QR Code看作法影片！
https://youtu.be/a8N19aVNYQM

1. 接縫口布

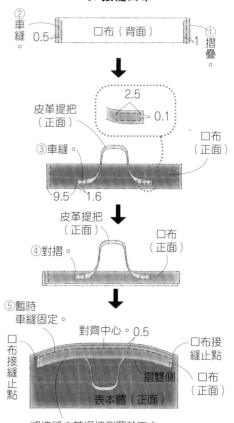

②車縫。
0.5
口布（背面）
①摺疊。
1

2.5
0.1
皮革提把（正面）

③車縫。
口布（正面）
9.5　1.6

皮革提把（正面）
④對摺。
口布（正面）

⑤暫時車縫固定。
對齊中心。0.5
口布接縫止點
摺雙側
口布接縫止點
口布（正面）
表本體（正面）

將接縫皮革提把側置於下方，疊至表本體上。

※另一側作法亦同。

2. 疊合表本體&裡本體

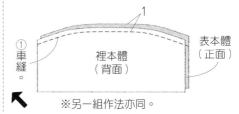

①車縫。
1
裡本體（背面）
表本體（正面）

※另一組作法亦同。

100

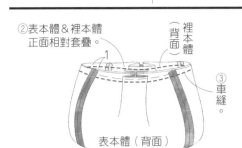

②表本體＆裡本體正面相對套疊。
裡本體（背面）
1
③車縫。
表本體（背面）
表脇（正面）

④翻到正面。
⑤縫合返口。
表本體（正面）

磁釦安裝方法

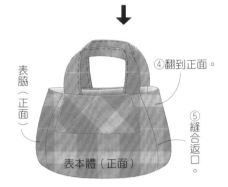

①將墊片中心的圓孔對齊磁釦安裝位置，縱向畫線作記號。
墊片
（背面）
磁釦安裝位置
①的記號

（背面）
②對摺本體，在記號剪切口。

墊片
翻摺。
釦腳（背面）
③從表側將釦腳插入切口，套上墊片，以鉗子將釦腳往左右側壓摺固定。

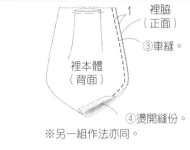

裡脇（正面）
1
③車縫。
裡本體（背面）
④燙開縫份。
※另一組作法亦同。

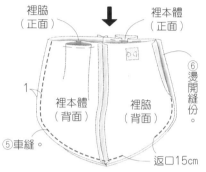

裡脇（正面）
裡本體（正面）
1
裡本體（背面）
裡脇（背面）
⑥燙開縫份。
⑤車縫。
返口15cm
⑦表本體作法亦同，但不留返口。

3. 製作掀蓋

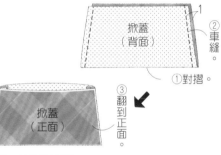

掀蓋（背面）
1
②車縫。
①對摺。
③翻到正面。
掀蓋（正面）
※另一片作法亦同。

4. 製作提把

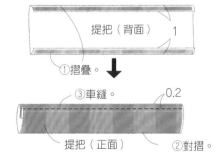

提把（背面）
1
①摺疊。
③車縫。
0.2
提把（正面）
②對摺。

5. 套疊表本體＆裡本體

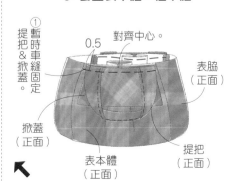

①提把＆掀蓋暫時車縫固定。
對齊中心。
0.5
表脇（正面）
掀蓋（正面）
②暫時車縫固定。
表本體（正面）
提把（正面）

裁布圖
※提把無原寸紙型，請依標示尺寸（已含縫份）直接裁剪。
※▨▨處需於背面燙貼接著襯。

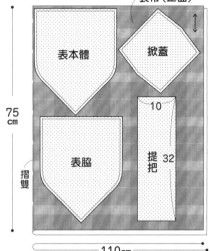

表布（正面）
表本體
掀蓋
10
表脇
提把
32
75cm
摺雙
110cm

裡布（正面）
裡脇
裡本體
35cm
摺雙
150cm

1. 安裝磁釦

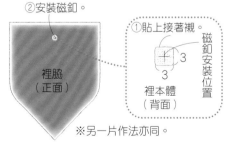

②安裝磁釦。
①貼上接著襯。
裡脇（正面）
磁釦安裝位置
3
3
裡本體（背面）
※另一片作法亦同。

2. 製作本體

②暫時車縫固定。
0.5
裡本體（正面）
褶襉摺法
①摺疊褶襉。
※另一片裡本體摺法亦同。

完成尺寸	材料
寬42×高24×側身14.5cm（提把30cm）	表布（棉斜紋布）110cm×35cm 配布（棉麻）110cm×20cm／裡布（棉布）112cm×35cm 接著襯（軟）92cm×55cm／皮革帶 寬2cm 80cm 麂皮繩 寬3mm 70cm 磁釦 18mm 1組／底板 20cm×15cm
原寸紙型 **C面**	

橢圓底褶襉包

裁布圖

※▨ 處需於背面燙貼接著襯。

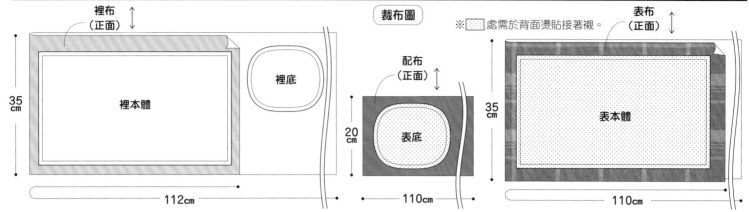

裡布（正面）

裡本體

裡底

35cm

112cm

配布（正面）

表底

20cm

110cm

表布（正面）

表本體

35cm

110cm

---

⑨將底板裁切成稍小於完成線。

0.5

底板

⑩從返口放入底板，縫合返口。

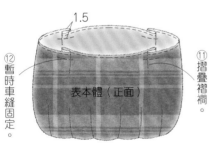

裡本體（正面）

0.2

表本體（正面）

⑧車縫。

⑦翻到正面。

1.5

⑫暫時車縫固定。

表本體（正面）

⑪摺疊褶襉。

3. 接縫提把

②拆下暫時車縫的縫線。

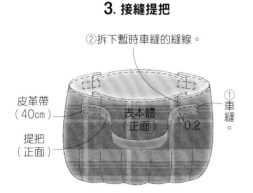

皮革帶（40cm）

②車縫。

0.2

提把（正面）

表本體（正面）

---

2. 套疊表本體&裡本體

①車縫。

1

裡本體（背面）

表本體（正面）

※另一組作法亦同。

④車縫。

表本體（正面）

③表本體&裡本體各自正面相疊。

1

②燙開縫份。

表本體（背面）

返口15cm

裡本體（背面）

⑤燙開縫份。

裡本體（正面）

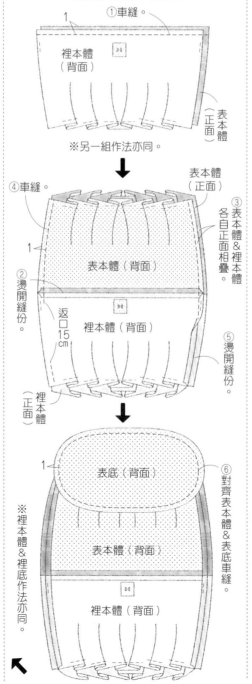

1

表底（背面）

⑥對齊表本體&表底車縫。

表本體（背面）

裡本體（背面）

※裡本體&裡底作法亦同。

掃QR Code 看作法影片！

https://youtu.be/O1ndAWWIFKQ

1. 製作本體

褶襉摺法

△ ●

由斜線的高處往低處摺疊。

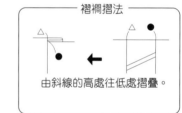

表本體（正面）

①摺疊褶襉。

②暫時車縫固定。

0.5

※另一片表本體&兩片裡本體摺法亦同。

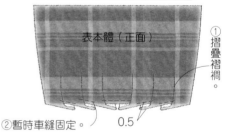

③燙貼接著襯。

磁釦安裝位置

3

3

裡本體（背面）

④安裝磁釦（參見P.101）。

中心

4

0.5

3.5

裡本體（正面）

⑤暫時車縫固定。

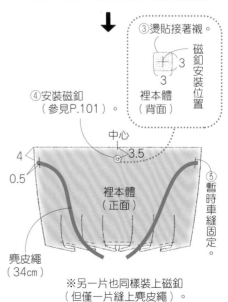

麂皮繩（34cm）

※另一片也同樣裝上磁釦（但僅一片縫上麂皮繩）。

完成尺寸

寬50×高28×側身16cm
（提把27cm）

原寸紙型

D面

材料

表布（棉斜紋布）110cm×40cm
裡布（棉麻帆布）112cm×40cm
配布（棉斜紋布）110cm×40cm
接著襯（軟）92cm×65cm
磁釦 18mm 1組
麂皮繩 寬0.3cm 60cm

P.46_ **No.37**

寬側身大容量手挽包

②在裡本體燙貼2片
3cm×3cm接著襯。

裡本體
（正面）

1.5

磁釦安裝
位置

裡本體
（背面）

④燙開縫份。

③車縫兩脇邊＆底。

1

返口
20cm

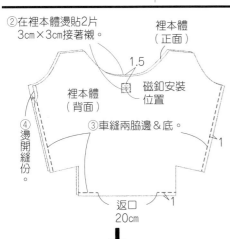

脇邊

裡本體
（背面）

⑦車縫

1

⑥對齊脇邊線＆
底中心線。

⑤燙開縫份。

※另一側的側身作法亦同。

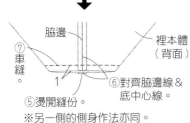

4. 套疊表本體＆裡本體

①將表本體套入裡本體內。

②車縫。

表本體
（背面）

脇邊

1

裡本體
（背面）

③在弧邊的縫份
上剪0.8cm牙口。

④翻到正面。

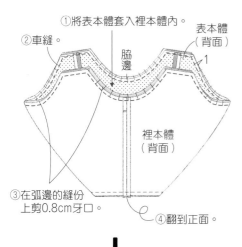

⑥從返口將磁釦裝至裡本體（參見P.101）。

⑤車縫。

0.2

裡本體
（正面）

表本體
（正面）

⑦縫合返口。

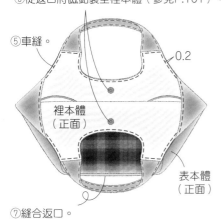

2. 製作表本體

側身
（正面）

底
（背面）

①車縫。

②燙開縫份。

1

※另一側也同樣接縫側身。

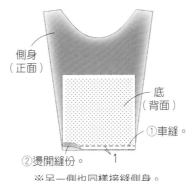

③表本體＆側身正面相對。

⑥燙開縫份。

⑤車縫。

表本體
（正面）

表本體
（背面）

1

合印　　合印

側身
（背面）

⑦另一側作法亦同。

底
（背面）

⑧翻到正面。

④在弧邊的縫份剪0.8cm牙口。

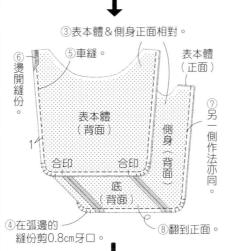

⑨暫時車縫固定。

0.5

提把
（正面）

側身
（正面）

表本體
（正面）

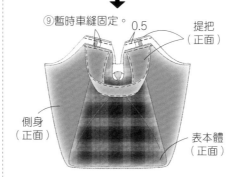

3. 製作裡本體

裡本體（正面）

0.5

①暫時車縫固定。

麂皮繩
（30cm）

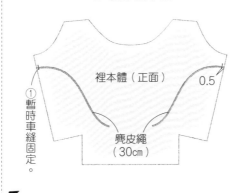

掃QR Code
看作法影片！

https://youtu.be/iHDSHRALahk

裁布圖

※底無原寸紙型，請依標示尺寸
（已含縫份）直接裁剪。

※▨▨▨處需於背面沿完成線燙貼接著襯。

表布（正面）

40cm

表本體

摺雙

110cm

裡布（正面）

40cm

裡本體

摺雙

112cm

配布（正面）

提把　　提把

40cm

側身　　側身　　底

18
18
1

110cm

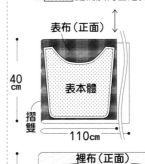

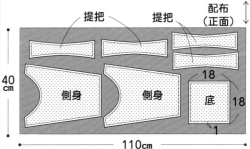

1. 製作提把

①摺疊兩邊。

1
1

提把
（背面）

※製作2片。

②背面相疊。

0.2

③車縫兩邊。

提把
（背面）

提把
（正面）

※另一條提把作法亦同。

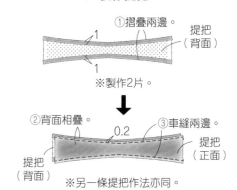

3. 套疊表本體 & 裡本體

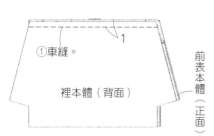

①車縫。 1
裡本體（背面）
前表本體（正面）
③疊至前表本體，暫時車縫固定。

※後表本體&另一片裡本體作法亦同。

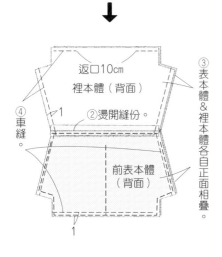

返口10cm
裡本體（背面）
1
②燙開縫份。
④車縫。
前表本體（背面）
1
③表本體&裡本體各自正面相疊。

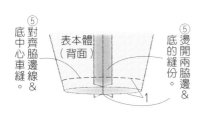

⑤對齊脇邊線&底中心車縫。
表本體（背面）
⑤燙開兩脇邊&底的縫份。

※另一側&裡本體作法亦同。

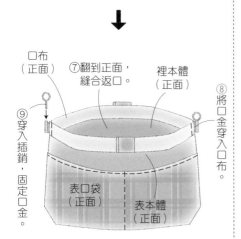

口布（正面）
⑦翻到正面，縫合返口。
裡本體（正面）
⑨穿入插銷，固定口金。
⑧將口金穿入口布。
表口袋（正面）
表本體（正面）

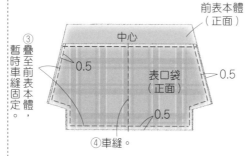

中心
前表本體（正面）
0.5
表口袋（正面）
0.5
0.5
④車縫。

2. 接縫口布、耳絆

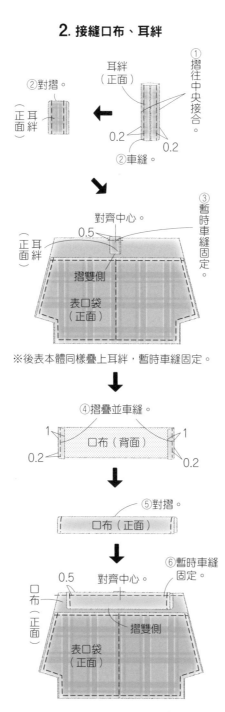

②對摺。
耳絆（正面）
（正面）耳絆
①摺往中央接合。
0.2
0.2
②車縫。

③暫時車縫固定。
對齊中心。
0.5
（正面）耳絆
摺雙側
表口袋（正面）

※後表本體同樣疊上耳絆，暫時車縫固定。

④摺疊並車縫。
1
口布（背面）
1
0.2
0.2

⑤對摺。
口布（正面）

⑥暫時車縫固定。
0.5
對齊中心。
口布（正面）
摺雙側
表口袋（正面）

※後表本體也疊上口布，暫時車縫固定。

掃QR Code 看作法影片！

https://youtu.be/lC_gP9KZ_z0

裁布圖

※口布&耳絆無原寸紙型，請依標示尺寸（已含縫份）直接裁剪。
※ ▢ 處需於背面燙貼接著襯。

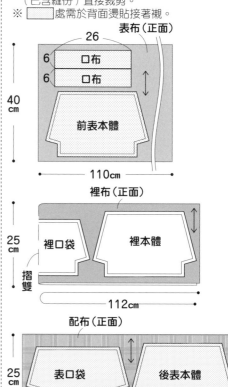

表布（正面）
26
6 口布
6 口布
40cm
前表本體
110cm

裡布（正面）
裡口袋
裡本體
25cm
摺雙
112cm

配布（正面）
表口袋
後表本體
耳絆
6
6
4
25cm
110cm

1. 製作口袋

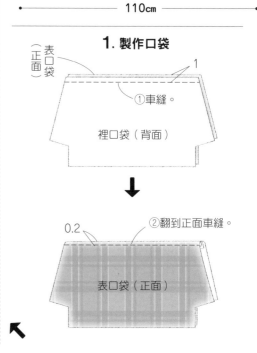

表口袋（正面）
1
①車縫。
裡口袋（背面）

0.2
②翻到正面車縫。
表口袋（正面）

4. 製作裡本體

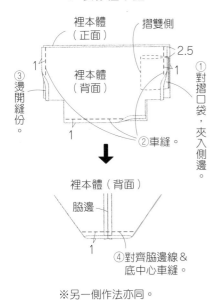

- ③燙開縫份。
- ②車縫。
- ①對摺口袋，夾入側邊。
- 裡本體（正面）
- 裡本體（背面）
- 摺雙側
- 2.5
- 1
- 1

裡本體（背面）

脇邊

- ④對齊脇邊線＆底中心車縫。
- 1

※另一側作法亦同。

5. 套疊表本體＆裡本體

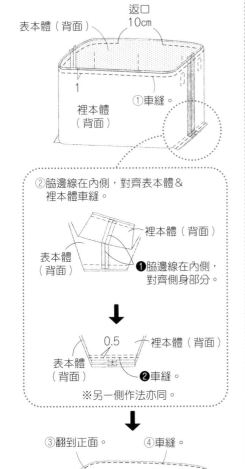

- 表本體（背面）
- 裡本體（背面）
- 返口 10cm
- ①車縫。
- 1

②脇邊線在內側，對齊表本體＆裡本體車縫。

- 表本體（背面）
- 裡本體（背面）
- ❶脇邊線在內側，對齊側身部分。

- 0.5
- 裡本體（背面）
- 表本體（背面）
- ❷車縫。

※另一側作法亦同。

- ③翻到正面。
- ④車縫。
- 0.2
- 表本體（正面）

對齊中心＆脇邊線。

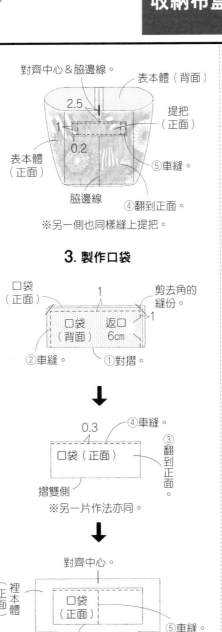

- 2.5
- 1
- 0.2
- 表本體（背面）
- 表本體（正面）
- 提把（正面）
- ⑤車縫。
- ④翻到正面。
- 脇邊線

※另一側也同樣縫上提把。

3. 製作口袋

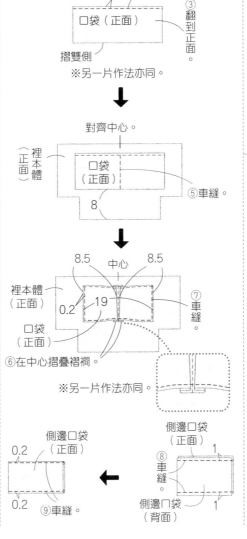

- 口袋（正面）
- 口袋（背面）
- 返口 6cm
- 剪去角的縫份。
- ②車縫。
- ①對摺。
- 1

- 0.3
- ④車縫。
- 口袋（正面）
- ③翻到正面。
- 摺雙側

※另一片作法亦同。

對齊中心。

- 裡本體（正面）
- 口袋（正面）
- 8
- ⑤車縫。

- 8.5 中心 8.5
- 裡本體（正面）
- 0.2 19
- 口袋（正面）
- ⑦車縫。
- ⑥在中心摺疊褶襉。

※另一片作法亦同。

- 側邊口袋（正面）
- 0.2
- 0.2
- 側邊口袋（正面）
- 側邊口袋（正面）
- 1
- ⑧車縫。
- ⑨車縫。

掃QR Code 看作法影片！

https://onl.sc/NUVag73

裁布圖

※標示尺寸已含縫份。
※□ 處需於背面燙貼接著襯。

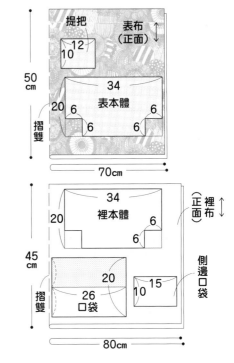

- 提把
- 12
- 10
- 表布（正面）
- 34
- 表本體
- 20
- 6
- 6
- 6
- 6
- 50cm
- 摺雙
- 70cm

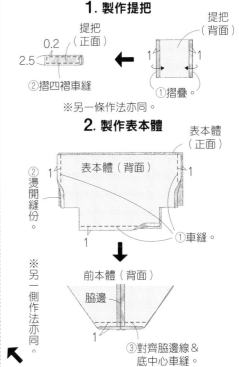

- 34
- 裡本體
- 20
- 6
- 6
- 裡布（正面）
- 20
- 26 口袋
- 10
- 15
- 側邊口袋
- 45cm
- 摺雙
- 80cm

1. 製作提把

- 提把（正面）
- 提把（背面）
- 0.2
- 2.5
- ②摺四褶車縫
- ①摺疊

※另一條作法亦同。

2. 製作表本體

- 表本體（正面）
- ②燙開縫份。
- 表本體（背面）
- 1
- ①車縫。
- 1

- 前本體（背面）
- 脇邊

- ③對齊脇邊線＆底中心車縫。
- 1

※另一側作法亦同。

完成尺寸	材料（ ▦…No.43 ・ ▨…No.42 ・ ▧…通用）	P.55_ No.**42**
寬12×高17.5×側身9cm（提把19cm）	表布（10號石蠟帆布）	皮革提把馬爾歇托特包
寬18×高26×側身13cm（提把30cm）	110cm×50cm ・ 110cm×40cm	P.55_ No.**43**
原寸紙型	裡布（棉厚織布79號）	迷你馬爾歇托特包
D面	110cm×40cm ・ 110cm×30cm	
	皮革提把（寬2cm 長40cm）1組	

裁布圖

No.**42**

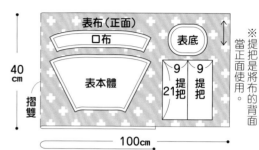

※內口袋＆提把無原寸紙型，請依標示尺寸
　（已含縫份）直接裁剪。

表布（正面）

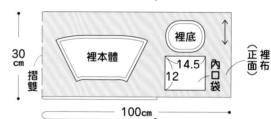

1. 接縫提把
（僅No.43）

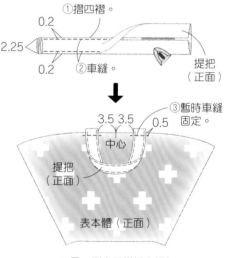

①摺四褶。
0.2
2.25
0.2
②車縫。
提把（正面）

③暫時車縫固定。
3.5　3.5　0.5
中心
提把（正面）
表本體（正面）

※另一側也同樣縫上提把。

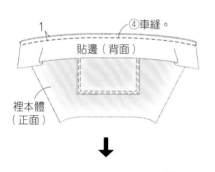

①
④車縫。
貼邊（背面）
裡本體（正面）

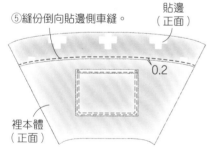

⑤縫份倒向貼邊側車縫。
貼邊（正面）
0.2
裡本體（正面）

※另一片也同樣接縫貼邊。

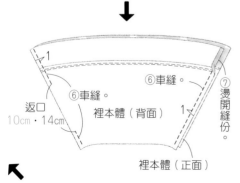

1
⑥車縫。
返口
10cm・14cm
裡本體（背面）
1
⑥車縫。
⑦燙開縫份。

裡本體（正面）

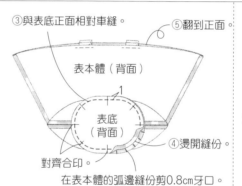

③與表底正面相對車縫。
⑤翻到正面。
表本體（背面）
1
表底（背面）
對齊合印。
④燙開縫份。
在表本體的弧邊縫份剪0.8cm牙口。

3. 製作裡本體

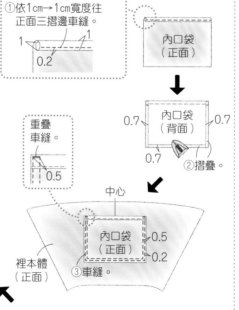

①依1cm→1cm寬度往
正面三摺邊車縫。
1　1
0.2

內口袋（正面）

0.7　內口袋（背面）　0.7
0.7
②摺疊。

重疊車縫。
0.5

中心
內口袋（正面）
0.5
0.2
裡本體（正面）
③車縫。

2. 製作表本體

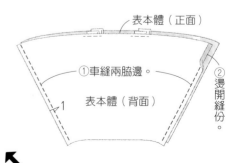

表本體（正面）
①車縫兩脇邊。
表本體（背面）
②燙開縫份。
1

106

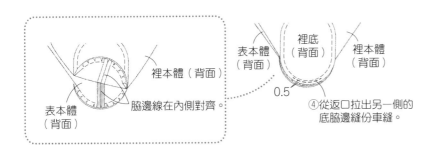

裡本體（背面）

表本體（背面）

表本體（背面）

脇邊線在內側對齊

裡底（背面）

裡本體（背面）

0.5

④從返口拉出另一側的底脇邊縫份車縫。

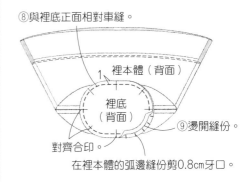

⑧與裡底正面相對車縫。

裡本體（背面）

1

裡底（背面）

裡本體（背面）

⑨燙開縫份。

對齊合印。

在裡本體的弧邊縫份剪0.8cm牙口。

5. 完成

③安裝提把。

No.**42**

中心
5 5
5.5

0.2

②車縫。

①縫合返口。

No.**43**

②車縫。

0.2

①縫合返口。

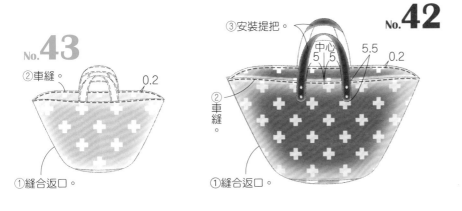

4. 套疊表本體＆裡本體

①將表本體套入裡本體中。

表本體（背面）

貼邊（背面）

②車縫。

1

③翻到正面。

裡本體（背面）

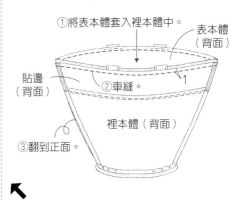

完成尺寸	材料	
寬7.5×高13.5cm	表布（亞麻布）20cm×20cm／配布（棉布）5cm×5cm	P.39_ No.**33**
原寸紙型	釦子 0.6cm 1顆／毛球 1顆	**兔子玩偶**
C面	填充棉 適量	
	DMC25號繡線（#356・粉紅棕）適量	

2. 完成

①在臉＆耳朵刺繡。

②以棉花棒塗上腮紅。

前本體（正面）

本體（正面）

③翻到正面。

⑤縫合返口。

④填入棉花。

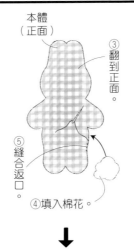

後本體（正面）

⑧縫上毛球。

臉（正面）

前本體（正面）

⑥縫上臉。

⑦縫上釦子。

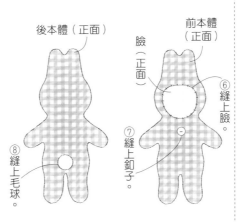

裁布圖

表布（正面）

前・後本體

20 cm

摺雙

20cm

配布（正面）

臉

5 cm

5cm

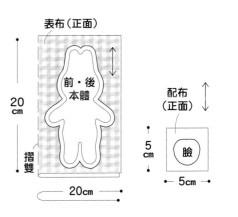

1. 製作本體

前本體（正面）

②在角＆弧邊剪牙口

①車縫

後本體（背面）

返口

0.5

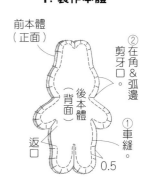

完成尺寸	**材料**
寬10×高7cm（收摺時）	表布（合成皮）25cm×15cm
原寸紙型	裡布（尼龍布）50cm×35cm
無	接著襯 10cm×5cm
	五爪釦 7mm 2組

三摺短夾

2. 製作本體

①依0.5cm→0.5cm寬度三摺邊車縫。

0.1

卡片隔層（背面）

↓

對齊中心。

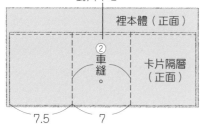

裡本體（正面）

② 車縫。

卡片隔層（正面）

7.5　　7

③安裝五爪釦。

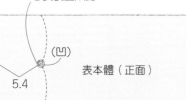

（凹）

表本體（正面）

5.4

↓

裡本體（正面）

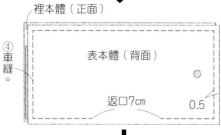

④ 車縫。

表本體（背面）

返口7cm

0.5

↓

⑤車縫。　　0.1

表本體（正面）

④翻到正面。

3. 完成

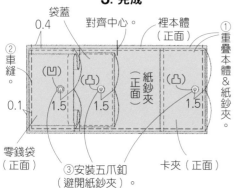

袋蓋
0.4

對齊中心。

裡本體（正面）

② 車縫。

（凹）　（凸）

紙鈔夾（正面）

（凹）

① 重疊本體&紙鈔夾。

0.1　1.5　1.5　　1.5

零錢袋（正面）

③安裝五爪釦（避開紙鈔夾）。

卡夾（正面）

※標示尺寸已含縫份。

【裁布圖】

表布（正面）

15cm

11.4　**表本體**　22.8

25cm

裡布（正面） ↕

8	零錢袋 17	卡夾 6.5　11	袋蓋 10	11
11	紙鈔夾 22.4		卡片隔層 9.4　22.4	
11	紙鈔夾 22.4		裡本體 11.4　22.8	

35cm

50cm

⑦摺疊褶襇。

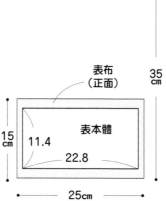

2.5　　2.5

1　1.5　1.5　1

零錢袋（正面）

⑧依0.5cm→0.5cm寬度三摺邊車縫。

0.1

卡夾（背面）

↓

⑨暫時車縫固定。

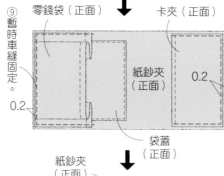

零錢袋（正面）　　卡夾（正面）

紙鈔夾（正面）

0.2　　0.2

袋蓋（正面）

↓

紙鈔夾（正面）

⑩ 車縫。

紙鈔夾（背面）　0.5

返口7cm

↓

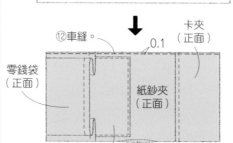

⑫車縫。

卡夾（正面）

0.1

零錢袋（正面）

紙鈔夾（正面）

袋蓋（正面）　⑪翻到正面。

---

1. 接縫袋蓋、零錢袋、卡夾

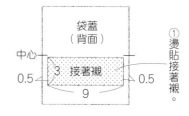

袋蓋（背面）

中心

0.5　3 接著襯　0.5

9

① 燙貼接著襯。

↓

袋蓋（背面）

返口4cm

0.5

③ 車縫。

②對摺。

↓

④翻到正面車縫。

袋蓋（正面）　0.1

↓

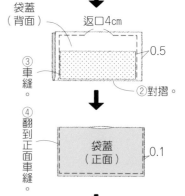

6　　1

0.1

袋蓋（正面）

⑤ 車縫。

摺雙側

1

紙鈔夾（正面）

⑥依0.5cm→0.5cm寬度三摺邊車縫。

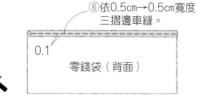

0.1

零錢袋（背面）

完成尺寸
寬胸圍99cm
總長95cm

原寸紙型
B面

材料
表布（棉起毛布）110cm×360cm
鬆緊帶 寬15mm 50cm

P.60_ No.**45**
胸前交叉圍裙

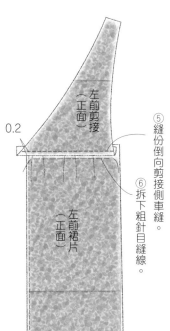

0.2

左前剪接（正面）

⑤縫份倒向剪接側車縫。

⑥拆下粗針目縫線。

左前裙片（正面）

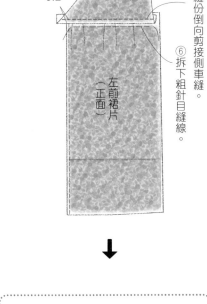

⑦對齊接縫位置，暫時車縫固定綁帶A（僅左側）。

左前脇布（正面）

0.5

綁帶A（正面）

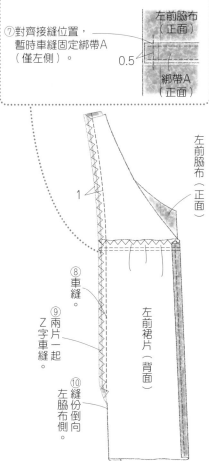

1

左前脇布（正面）

⑧車縫。

⑨兩片一起Z字車縫。

左前裙片（背面）

⑩縫份倒向左脇布側。

※右前作法亦同。

1. 製作綁帶

綁帶（正面）

②摺疊。

①摺疊。

1 1 1

0.2

③對摺。

綁帶（正面）

1.5

※依相同作法共製作3條綁帶A，1條綁帶B。

2. 製作前片

②以粗針目車縫，拉上線抽皺褶。

0.5 1.5

左前裙片（背面）

①依1cm→1cm寬度三摺邊車縫。

0.2 1

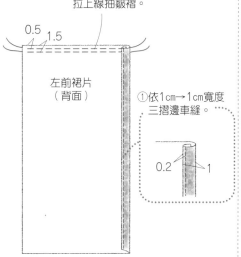

左前剪接（背面）

④兩片一起Z字車縫。

③車縫。

1

左前裙片（正面）

※綁帶A・B、口袋、斜布條無原寸紙型，請依標示尺寸（已含縫份）直接裁剪。

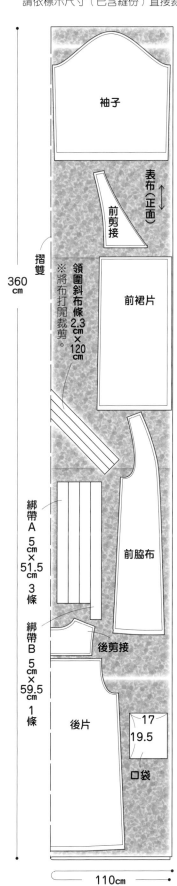

袖子

表布（正面）

前剪接

摺雙

360cm

※將布打開裁剪。

領圍斜布條 2.3cm×120cm

前裙片

綁帶A 5cm×51.5cm 3條

前脇布

綁帶B 5cm×59.5cm 1條

後剪接

後片

17
19.5
口袋

110cm

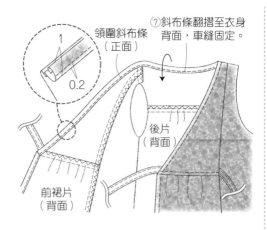

⑦斜布條翻摺至衣身背面，車縫固定。

領圍斜布條（正面）

0.2

前裙片（背面）

後片（背面）

7. 車縫脇邊

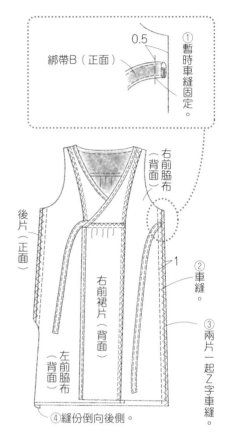

綁帶B（正面）

0.5

①暫時車縫固定。

右前脇布（背面）

後片（正面）

右前裙片（背面）

左前脇布（背面）

②車縫。

③兩片一起Z字車縫。

1

④縫份倒向後側。

8. 接縫袖子

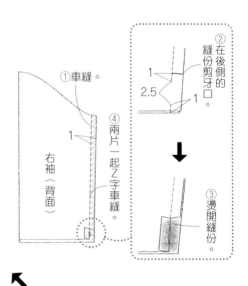

①車縫。

右袖（背面）

④兩片一起Z字車縫。

1

②在後側的縫份剪牙口。

1

2.5

③燙開縫份。

5. 車縫肩線

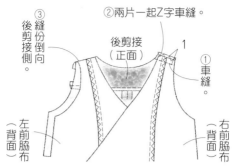

②兩片一起Z字車縫。

後剪接（正面）

1

①車縫。

③後剪份倒向後剪接側。

左前脇布（背面）

右前脇布（背面）

6. 車縫領圍

※將斜布條接合成120cm長。

領圍斜布條（背面）

①摺疊。

0.8

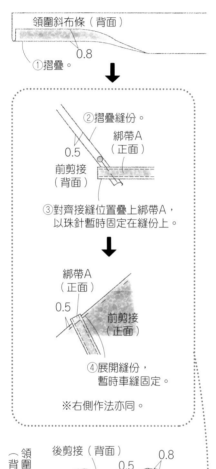

②摺疊縫份。

0.5

前剪接（背面）

綁帶A（正面）

③對齊接縫位置疊上綁帶A，以珠針暫時固定在縫份上。

綁帶A（正面）

0.5

前剪接（正面）

④展開縫份，暫時車縫固定。

※右側作法亦同。

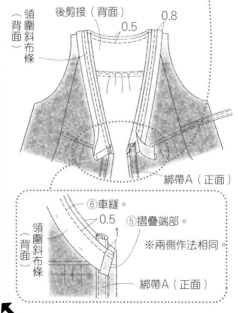

後剪接（背面）

領圍斜布條（背面）

0.5

0.8

綁帶A（正面）

⑥車縫。

0.5

1

⑤摺疊端部。

※兩側作法相同

領圍斜布條（背面）

綁帶A（正面）

3. 縫上口袋

②依1cm→1.5cm寬度三摺邊車縫。

1.5

①Z字車縫。

背面 口袋

口袋（背面）

0.2

1

③摺疊。

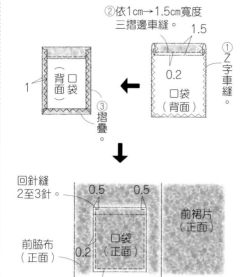

回針縫2至3針

0.5   0.5

前脇布（正面）

0.2

口袋（正面）

前裙片（正面）

④對齊口袋位置縫上。

4. 車縫後剪接

②拉上線抽皺褶。

1.5   0.5

①粗針目車縫。

抽皺止點

後片（正面）

④兩片一起進行Z字車縫。

後剪接（背面）

1

③車縫。

後片（正面）

後剪接（正面）

⑥車縫。

0.2

⑤縫份倒向後剪接側。

後片（正面）

⑦拆下粗針目縫線。

9. 車縫下襬線

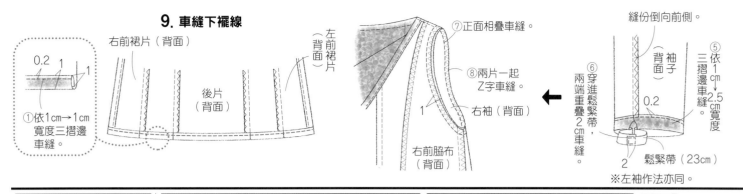

①依1cm→1cm寬度三摺邊車縫。

右前裙片（背面）

後片（背面）

左前裙片（背面）

左前裙片（背面）

⑦正面相疊車縫。

⑧兩片一起Z字車縫。

右袖（背面）

右前脇布（背面）

縫份倒向前側。

⑥穿進鬆緊帶，兩端重疊2cm車縫。

背面 袖子

⑤依1cm→2.5cm寬度三摺邊車縫。

0.2

鬆緊帶（23cm）

※左袖作法亦同。

完成尺寸	材料	
寬29×長10×高4.5cm	表布（牛津布）45cm×40cm	
	裡布（棉布）40cm×40cm	
原寸紙型	接著襯（中薄）35cm×33cm	
無		

P.51_ No.41

盒裝衛生紙套

---

⑧將裡本體摺入。

3

3

裡本體（背面）

☆

☆

3

表本體（背面）

⑦以夾子固定中心。

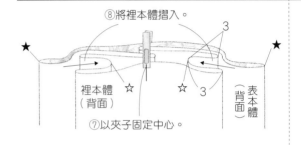

表本體（背面）

☆

☆

★

3

裡本體（背面）

★

⑨摺疊表本體。

※另一側摺法亦同。

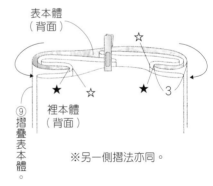

⑩車縫。

表本體（背面）

1

1

⑪剪去四個角的縫份。

⑬縫合返口。

⑫翻到正面。

表本體（正面）

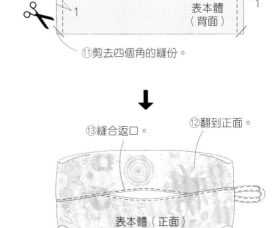

裁布圖

※標示尺寸已含縫份。
※□處需於背面燙貼接著襯。

掃QR Code
看作法影片！

https://onl.bz/bQCVyj1

（正面）裡布

35

40cm

33 裡本體

40cm

（正面）表布

35

40cm

33 表本體

4

14

布繩

45cm

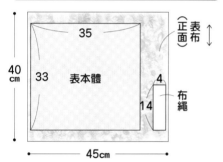

0.2

表本體（正面）

0.2

返口

③車縫。

⑤重疊1cm。

★

☆

表本體（正面）

④翻到背面。

裡本體（正面）

1

⑥重疊，並使另一側在上。

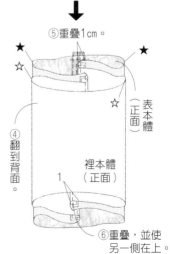

---

1. 縫上布繩

①摺四褶。

0.2

②車縫。

1

0.2

布繩（正面）

突出0.5cm 中心

表本體（正面） 0.5

布繩（正面）

③對摺，暫時車縫固定。

側摺雙

2. 車縫本體

裡本體（背面）

1

1

返口8cm

①車縫。

②翻到正面。

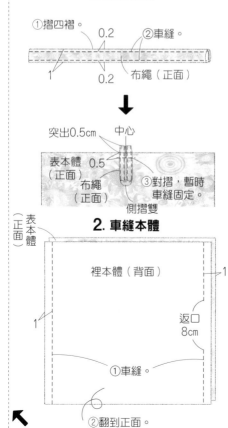

束口包

完成尺寸
寬30×高35×側身10cm
（提把50cm）

原寸紙型
無

材料
表布（棉布）40cm×100cm
配布（皮革）60cm×15cm
合成皮繩 粗0.4cm 160cm
壓克力織帶 寬2cm 115cm

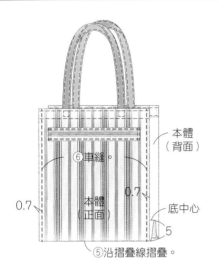

⑥車縫。
本體（背面）
0.7
0.7
本體（正面）
底中心
5
⑤沿摺疊線摺疊。

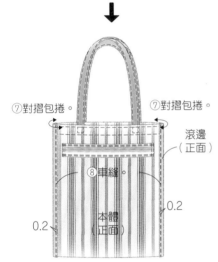

⑦對摺包捲。　⑦對摺包捲。
滾邊（正面）
⑧車縫。
本體（正面）
0.2
0.2

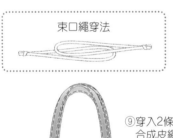

束口繩穿法

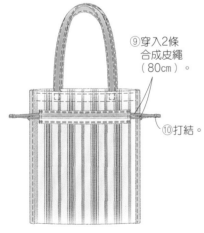

⑨穿入2條合成皮繩（80cm）。
⑩打結。

3. 製作本體

①依3cm→3cm寬度三摺邊車縫。
3　0.3
3
0.2
本體（背面）

※本體另一側作法亦同。

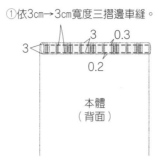

中心　②車縫。
0.2　5
0.2
穿繩通道（正面）
本體（正面）

※另一側也同樣縫上穿繩通道。

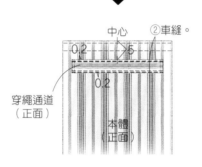

在四個角作記號也OK
1.5
1.5
1.5
1.5
④從正面車縫。　③在正面畫上縫線記號。

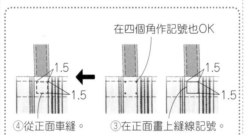

提把（正面）
中心
6.5｜6.5
壓克力織帶側
2.5
本體（背面）

※另一側也同樣縫上提把。
本體（正面）

裁布圖
※標示尺寸已含縫份。

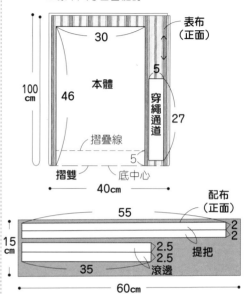

表布（正面）
30
100cm
本體
46
5
穿繩通道
27
摺疊線
5
摺雙　底中心
40cm

配布（正面）
55
2　2
15cm
2.5　提把
2.5
35　滾邊
60cm

1. 製作提把

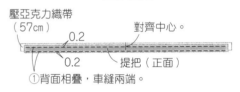

壓亞克力織帶（57cm）
對齊中心。
0.2
0.2　提把（正面）
①背面相疊，車縫兩端。

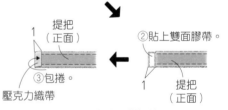

提把（正面）
1
②貼上雙面膠帶。
③包捲。
壓克力織帶
1　提把（正面）

※另一側也同樣包捲。

2. 製作穿繩通道

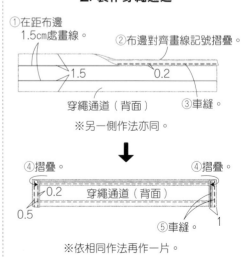

①在距布邊1.5cm處畫線。
②布邊對齊畫線記號摺疊。
1.5　0.2
穿繩通道（背面）
③車縫。

※另一側作法亦同。

④摺疊。　④摺疊。
0.2　穿繩通道（背面）
0.5
⑤車縫。　1

※依相同作法再作一片。

P.62_ No.**49**
防水波奇包

原寸紙型
無

---

1. 接縫拉鍊 No.**49**

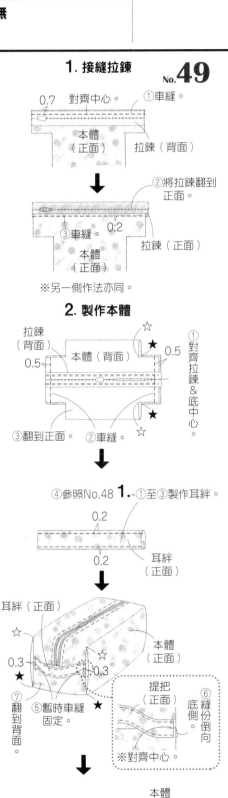

0.7　對齊中心。
①車縫。
本體（正面）　拉鍊（背面）

②將拉鍊翻到正面。
0.2
③車縫。　拉鍊（正面）
本體（正面）

※另一側作法亦同。

2. 製作本體

拉鍊（背面）
本體（背面）☆ ★ 0.5
0.5
①對齊拉鍊＆底中心。
③翻到正面。　②車縫。☆

④參照No.48 **1.**-①至③製作耳絆。
0.2
0.2
耳絆（正面）

耳絆（正面）☆
0.3
★
0.3 ☆
⑦翻到背面。
⑤暫時車縫固定。★
本體（正面）

提把（正面）
⑥縫份倒向底側。
※對齊中心。

本體（背面）
☆ ☆
0.5 0.5
⑨翻到正面。　⑧正面相疊車縫。
※另一側作法亦同。

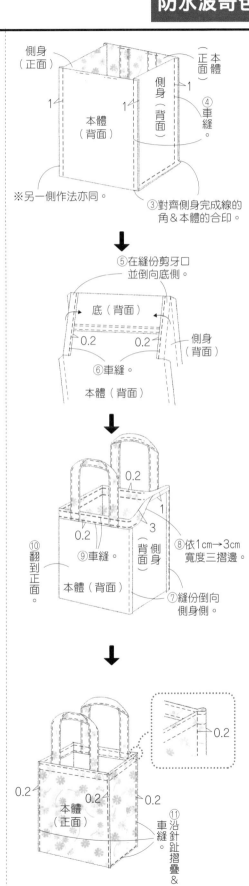

側身（正面）
正面 本體
側身（背面）
①車縫。
④車縫。
本體（背面）
1　1
1
※另一側作法亦同。
③對齊側身完成線的角＆本體的合印。

⑤在縫份剪牙口並倒向底側。
底（背面）
0.2　0.2
側身（背面）
⑥車縫。
本體（背面）

⑩翻到正面。
0.2
0.2
1
3
⑨車縫。
背面 側身
⑧依1cm→3cm寬度三摺邊。
本體（背面）
⑦縫份倒向側身側。

0.2
0.2
0.2
本體（正面）
⑪沿針趾摺疊＆車縫。

裁布圖

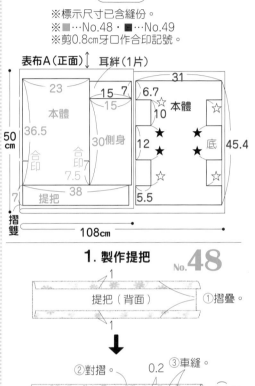

※標示尺寸已含縫份。
※■…No.48・■…No.49
※剪0.8cm牙口作合印記號。

表布A（正面）　耳絆（1片）
23　15　7　31　6.7
本體　15　10　本體 ☆
36.5　30側身　12 ★　★ 底　45.4
合印　合印　☆　★　★
7.5　5.5
7　提把　38
50cm
摺雙
108cm

---

1. 製作提把 No.**48**

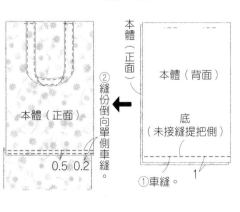

1
提把（背面）　①摺疊。
1

②對摺。　0.2　③車縫。
0.2
正面 提把

0.5　4　4　0.5
中心
本體（正面）
④暫時車縫固定。
提把（正面）
※另一側也同樣縫上提把。

2. 製作本體

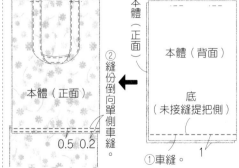

本體（正面）
本體（背面）
②縫份倒向單側車縫。
本體（正面）
底（未接縫提把側）
0.5 0.2
①車縫。
1

雅書堂　　搜尋

www.elegantbooks.com.tw

Cotton friend 手作誌
Winter Edition 2022-2023 vol.59

國家圖書館出版品預行編目 (CIP) 資料

冬的手作心願：樂享布作生活 x 拓展新領域手工藝 /
BOUTIQUE-SHA 授權；周欣芃，瞿中蓮譯 . -- 初版 . -- 新
北市：雅書堂文化事業有限公司 , 2023.02
　　面；　公分 . -- (Cotton friend 手作誌；59)
ISBN 978-986-302-660-0(平裝)

1.CST: 縫紉 2.CST: 手工藝

426.7　　　　　　　　　　　　　　111021440

冬的手作心願：樂享布作生活×拓展新領域手工藝
設計布作・皮革工藝・和風布花・織補繡・刺子繡大集合！

授權	BOUTIQUE-SHA
譯者	周欣芃 ・ 瞿中蓮
社長	詹慶和
執行編輯	陳姿伶
編輯	蔡毓玲・劉蕙寧・黃璟安
美術編輯	陳麗娜・周盈汝・韓欣恬
內頁排版	陳麗娜・造極彩色印刷
出版者	雅書堂文化事業有限公司
發行者	雅書堂文化事業有限公司
郵政劃撥帳號	18225950
郵政劃撥戶名	雅書堂文化事業有限公司
地址	新北市板橋區板新路 206 號 3 樓
網址	www.elegantbooks.com.tw
電子郵件	elegant.books@msa.hinet.net
電話	(02)8952-4078
傳真	(02)8952-4084

2023 年 2 月初版一刷　定價／ 420 元

STAFF	日文原書製作團隊
編輯長	根本さやか
編輯	渡辺千帆里　川島順子　濱口亜沙子
編輯協力	浅沼かおり
攝影	回里純子　腰塚良彦　藤田律子
造型	西森 萌
妝髮	タニジュンコ
視覺＆排版	みうらしゅう子　松本真由美　牧 陽子　和田充美
繪圖	爲季法子　三島惠子　高田翔子　星野喜久代 松尾容巳子　宮路睦子　諸橋雅子
紙型製作	山科文子
校對	澤井清絵

經銷／易可數位行銷股份有限公司
地址／新北市新店區寶橋路 235 巷 6 弄 3 號 5 樓
電話／ (02)8911-0825
傳真／ (02)8911-0801